Contents

Foreword

The Census of Population conducted every ten years is a fundamental source of information about the number, distribution and condition of the population of England and Wales. The information is obtained about the entire population at one time and all citizens have a legal obligation to respond.

This publication is the first report from the 2001 Census of Population for England and Wales. It provides a snapshot of the resident population on Census Day, 29 April 2001. The results give population totals at national and local authority levels, by age and sex.

Information from our regular censuses underpin and make an essential contribution to public policy and to service provision, in both the public and the private sector. The population counts from this latest census will form the basis for key decisions over the next ten years.

The success of the 2001 Census has been made possible by the co-operation of members of the public who complete the Census forms; by the hard work of the Census field-staff who deliver and collect them; and by the assistance of many other people and organisations with all aspects of the operation. I would like to thank everyone who has contributed to the 2001 Census, particularly the citizens of England and Wales, who have helped make this the best census result ever.

Len Cook

Registrar General for England and Wales

Introduction

This publication is the first report from the 2001 Census of Population for England and Wales. It provides information on the resident population, split by age and sex, for England and Wales and constituent Local Authority Districts and Unitary Authorities, as at Census Day, 29 April 2001. This report is in accordance with the provisions of the Census Act 1920 and, as a statutory report, therefore relates only to the conduct of the Census in England and Wales. In order to provide information to Parliament it also includes information on Scotland, Northern Ireland and the UK as a whole. This information is drawn from the reports laid before the Scottish Parliament and Northern Ireland Assembly in accordance with the statutory provisions of those administrations.

This report has also been made available on the National Statistics website www.statistics.gov.uk, where there is supplementary information. This includes commentary on changes in the populations of England and Wales between 1951 and 2001, and figures for each local authority in England and Wales on the response achieved by the 2001 Census. More information on other results from the Census is available in the Census Outputs Prospectus, also on the National Statistics website.

The information is presented in a similar format to the Mid-2001 Population Estimates being published by the Office for National Statistics on 10 October 2002. The Mid-2001 Population Estimates will be based on the results of the 2001 Census, but as they relate to 30 June 2001 they allow for births, deaths and migration between Census Day and the middle of the year.

Results from the Census are made possible by the co-operation of members of the public in responding to the Census; by the hard work of the Census field-staff in delivering and collecting forms; and by the assistance of many other people and organisations throughout all aspects of the Census. The Registrar General would like to thank all those who have contributed to the Census.

Conduct of the Census

Results from the 2001 Census relate to Census Day, 29 April 2001. The Census placed a legal obligation on every household in which someone was usually resident on Census Day, and on every person who was a usual resident of a communal establishment, to complete a census form. These forms were returned by post or collected by a Census Enumerator.

As no census succeeds in counting everyone, an independent Census Coverage Survey (CCS) was carried out during May and June 2001 in a sample of small areas throughout England and Wales. The results of the CCS were combined with the data collected from the Census to estimate and adjust for the number of households and people not counted by the census. The figures presented here, as with all results of the 2001 Census, have been adjusted to allow for estimated underenumeration. The process of estimating and adjusting for underenumeration is known as the One Number Census. Further information is available on the National Statistics website at www.statistics.gov.uk/census2001. Information on the extent of these adjustments is also available on the website.

Population Base

The tables in this Report relate to the usually resident population as at Census Day. Students are recorded at their term-time address. In contrast to the 1991 Census, information on visitors was not collected.

Comparability with Results of the 1991 Census

The Census is designed to provide the most accurate possible picture of the population on the day the Census is taken. Comparisons of the results contained in this Report with results from the 1991 Census will be affected by changes in the geographic boundaries of local authorities; changes in definition of the resident population; and that for results from the 2001 Census, adjustments have been made for estimated underenumeration. Information on the extent of these adjustments is available on the National Statistics website.

Comparability with the Final Results of the 2001 Census

Subsequent results from the 2001 Census may differ very slightly from those shown in this Report. Further information is available on the National Statistics website.

Confidentiality

The Registrar General has a legal obligation not to reveal information collected in confidence in the Census about individual people and households. The confidentiality of all census results, including the counts in this report, is protected by a combination of a variety of 'disclosure protection' measures.

Further Information

More detailed results from the 2001 Census will be published during 2003. These will include results for the full range of topics covered by the Census for a range of administrative areas and others in common use. Supporting information on the Census, including definitions of Census terms; information about the One Number Census and Census response; and evaluation of the conduct of the Census, is also being published. Further information is also available from the National Statistics website_ www.statistics.gov.uk or from ONS Census Customer Services:

Census Customer Services
ONS
Titchfield
Fareham
Hants PO15 5RR

Telephone:	++44 (0)1329 813800
Fax:	++44 (0)1329 813587
Minicom:	++44 (0)1329 813669
E-mail:	census.customerservices@ons. gov.uk

Copyright and reproduction of material from this report

This publication (excluding the departmental logo) may be reproduced free of charge in any format or medium for research or private study. This is subject to it being reproduced accurately and not used in a misleading context. The material must be acknowledged as Crown copyright and the title of the publication specified.

This publication can also be accessed at the National Statistics website at www.statistics.gov.uk. For any other use of this material please apply for a free Click-Use Licence on the HMSO website at www.hmso.gov.uk/click-use-home.htm, or by writing to HMSO at

The Licensing Division
St Clements House
2-16 Colegate
Norwich NR3 1BQ

Fax:	+44 (0)1603 723000
e-mail:	hmsolicensing@cabinet-office.x. gsi.gov.uk

Table P1

Population at Census Day 2001: Resident population by single year of age and sex

Persons

United Kingdom

Age	Persons	Males	Females	Age	Persons	Males	Females
a	b	c	d	a	b	c	d
All ages	58,789,194	28,581,233	30,207,961				
0 – 4	3,486,469	1,786,036	1,700,433	50 – 54	4,040,437	2,003,224	2,037,213
0	660,080	337,377	322,703	50	739,798	366,654	373,144
1	680,725	349,379	331,346	51	765,279	378,580	386,699
2	699,913	358,581	341,332	52	789,112	391,556	397,556
3	712,460	364,693	347,767	53	852,869	422,732	430,137
4	733,291	376,006	357,285	54	893,379	443,702	449,677
5 – 9	3,738,160	1,914,865	1,823,295	55 – 59	3,338,861	1,651,417	1,687,444
5	721,433	369,897	351,536	55	689,196	341,514	347,682
6	726,866	372,841	354,025	56	710,966	351,977	358,989
7	747,704	382,836	364,868	57	689,867	342,107	347,760
8	757,129	387,616	369,513	58	659,506	325,880	333,626
9	785,028	401,675	383,353	59	589,326	289,939	299,387
10 – 14	3,880,609	1,987,690	1,892,919	60 – 64	2,879,948	1,409,676	1,470,272
10	791,067	405,364	385,703	60	559,590	274,340	285,250
11	774,646	396,875	377,771	61	591,509	290,156	301,353
12	770,701	394,666	376,035	62	586,244	286,718	299,526
13	783,855	401,690	382,165	63	579,076	283,752	295,324
14	760,340	389,095	371,245	64	563,529	274,710	288,819
15 – 19	3,663,899	1,870,622	1,793,277	65 – 69	2,596,843	1,241,382	1,355,461
15	763,913	392,047	371,866	65	547,286	265,074	282,212
16	758,448	389,019	369,429	66	530,226	255,997	274,229
17	726,698	372,622	354,076	67	507,487	242,799	264,688
18	712,268	363,037	349,231	68	505,819	239,563	266,256
19	702,572	353,897	348,675	69	506,025	237,949	268,076
20 – 24	3,546,151	1,765,417	1,780,734	70 – 74	2,339,231	1,059,151	1,280,080
20	745,538	374,537	371,001	70	503,581	232,941	270,640
21	739,260	370,320	368,940	71	486,241	222,094	264,147
22	706,745	352,055	354,690	72	466,129	210,925	255,204
23	673,770	333,081	340,689	73	443,669	198,815	244,854
24	680,838	335,424	345,414	74	439,611	194,376	245,235
25 – 29	3,867,115	1,895,543	1,971,572	75 – 79	1,966,929	817,711	1,149,218
25	700,076	344,003	356,073	75	426,751	185,463	241,288
26	730,325	357,838	372,487	76	405,387	172,271	233,116
27	760,105	372,089	388,016	77	389,535	161,798	227,737
28	814,122	399,467	414,655	78	372,571	150,821	221,750
29	862,487	422,146	440,341	79	372,685	147,358	225,327
30 – 34	4,493,585	2,199,874	2,293,711	80 – 84	1,313,547	482,697	830,850
30	878,633	429,100	449,533	80	368,167	141,490	226,677
31	869,849	426,098	443,751	81	337,780	127,790	209,990
32	902,531	441,077	461,454	82	221,508	80,383	141,125
33	908,253	444,492	463,761	83	188,740	66,027	122,713
34	934,319	459,107	475,212	84	197,352	67,007	130,345
35 – 39	4,625,810	2,277,799	2,348,011	85 – 89	752,787	226,833	525,954
35	930,987	457,028	473,959	85	184,524	59,873	124,651
36	942,077	463,452	478,625	86	177,304	54,981	122,323
37	933,667	459,412	474,255	87	153,053	45,407	107,646
38	920,581	453,903	466,678	88	130,373	37,269	93,104
39	898,498	444,004	454,494	89	107,533	29,303	78,230
40 – 44	4,151,580	2,056,630	2,094,950	90 and over	371,269	83,202	288,067
40	874,182	432,141	442,041				
41	840,271	416,459	423,812	Under 16	11,869,151	6,080,638	5,788,513
42	828,071	410,266	417,805	Under 18	13,354,297	6,842,279	6,512,018
43	818,896	406,161	412,735				
44	790,160	391,603	398,557	16 – 44	23,584,227	11,673,838	11,910,389
45 – 49	3,735,964	1,851,464	1,884,500	45 – 64/59*	12,524,938	6,915,781	5,609,157
45	762,294	378,146	384,148	65/60** and over	10,810,878	3,910,976	6,899,902
46	744,666	368,996	375,670				
47	753,123	373,083	380,040				
48	741,433	367,448	373,985				
49	734,448	363,791	370,657				

45 – 64 for males; 45 – 59 for females.
**65 and over for males; 60 and over for females.*

3

Table **P2**

Population at Census Day 2001: Resident population by single year of age and sex

Persons   **England and Wales**

Age	Persons	Males	Females	Age	Persons	Males	Females
a	b	c	d	a	b	c	d
All ages	**52,041,916**	**25,327,290**	**26,714,626**				
0 – 4	3,094,357	1,584,463	1,509,894	50 – 54	3,590,904	1,780,622	1,810,282
0	586,295	299,640	286,655	50	654,295	324,147	330,148
1	604,698	310,156	294,542	51	678,523	335,620	342,903
2	620,896	318,004	302,892	52	700,295	347,434	352,861
3	631,898	323,397	308,501	53	760,303	377,094	383,209
4	650,570	333,266	317,304	54	797,488	396,327	401,161
5 – 9	3,307,972	1,694,688	1,613,284	55 – 59	2,962,130	1,466,997	1,495,133
5	638,797	327,432	311,365	55	612,897	303,625	309,272
6	643,767	330,282	313,485	56	633,846	314,204	319,642
7	662,148	339,201	322,947	57	612,004	303,863	308,141
8	669,267	342,714	326,553	58	583,824	289,186	294,638
9	693,993	355,059	338,934	59	519,559	256,119	263,440
10 – 14	3,425,075	1,754,093	1,670,982	60 – 64	2,544,628	1,249,624	1,295,004
10	699,687	358,528	341,159	60	493,068	242,541	250,527
11	685,438	351,269	334,169	61	523,015	257,216	265,799
12	680,463	348,308	332,155	62	518,127	254,292	263,835
13	691,089	354,055	337,034	63	512,485	251,791	260,694
14	668,398	341,933	326,465	64	497,933	243,784	254,149
15 – 19	3,217,425	1,644,089	1,573,336	65 – 69	2,292,386	1,100,967	1,191,419
15	671,626	344,884	326,742	65	483,078	234,953	248,125
16	666,283	342,102	324,181	66	467,936	226,974	240,962
17	638,606	327,744	310,862	67	447,282	214,864	232,418
18	625,976	319,274	306,702	68	446,912	212,745	234,167
19	614,934	310,085	304,849	69	447,178	211,431	235,747
20 – 24	3,122,379	1,553,388	1,568,991	70 – 74	2,074,462	944,029	1,130,433
20	653,935	328,229	325,706	70	445,999	207,427	238,572
21	649,082	324,895	324,187	71	430,885	197,752	233,133
22	621,826	309,565	312,261	72	412,816	187,677	225,139
23	594,412	293,823	300,589	73	394,408	177,706	216,702
24	603,124	296,876	306,248	74	390,354	173,467	216,887
25 – 29	3,435,108	1,684,803	1,750,305	75 – 79	1,754,864	733,092	1,021,772
25	619,019	303,935	315,084	75	378,886	165,498	213,388
26	648,880	318,273	330,607	76	361,169	154,209	206,960
27	675,402	330,546	344,856	77	347,307	144,930	202,377
28	724,374	355,835	368,539	78	333,578	135,835	197,743
29	767,433	376,214	391,219	79	333,924	132,620	201,304
30 – 34	3,983,974	1,952,713	2,031,261	80 – 84	1,178,269	435,252	743,017
30	780,025	381,286	398,739	80	331,124	127,772	203,352
31	771,195	378,209	392,986	81	303,776	115,545	188,231
32	800,236	391,580	408,656	82	197,542	72,114	125,428
33	804,031	394,160	409,871	83	168,439	59,250	109,189
34	828,487	407,478	421,009	84	177,388	60,571	116,817
35 – 39	4,093,217	2,019,751	2,073,466	85 – 89	677,430	205,465	471,965
35	825,813	406,138	419,675	85	165,834	54,202	111,632
36	833,335	410,756	422,579	86	159,347	49,736	109,611
37	826,304	407,661	418,643	87	137,750	41,125	96,625
38	813,584	402,044	411,540	88	117,474	33,722	83,752
39	794,181	393,152	401,029	89	97,025	26,680	70,345
40 – 44	3,656,335	1,815,022	1,841,313	90 and over	334,970	75,379	259,591
40	770,355	381,600	388,755				
41	740,000	367,416	372,584	Under 16	10,499,030	5,378,128	5,120,902
42	729,480	362,314	367,166				
43	720,964	358,359	362,605	Under 18	11,803,919	6,047,974	5,755,945
44	695,536	345,333	350,203				
45 – 49	3,296,031	1,632,853	1,663,178	16 – 44	20,836,812	10,324,882	10,511,930
45	670,145	332,422	337,723	45 – 64/59*	11,098,689	6,130,096	4,968,593
46	655,745	324,769	330,976				
47	664,864	329,168	335,696	65/60** and over	9,607,385	3,494,184	6,113,201
48	654,950	324,553	330,397				
49	650,327	321,941	328,386				

* 45 – 64 for males; 45 – 59 for females.
** 65 and over for males; 60 and over for females.

Table P3

Population at Census Day 2001: Resident population by single year of age and sex

Persons **England**

Age	Persons	Males	Females	Age	Persons	Males	Females
a	b	c	d	a	b	c	d
All ages	49,138,831	23,923,390	25,215,441				
0 – 4	2,926,460	1,498,354	1,428,106	50 – 54	3,382,567	1,677,360	1,705,207
0	554,516	283,223	271,293	50	616,292	305,520	310,772
1	572,731	293,773	278,958	51	638,692	315,797	322,895
2	587,449	300,950	286,499	52	659,546	327,228	332,318
3	597,212	305,690	291,522	53	715,893	354,973	360,920
4	614,552	314,718	299,834	54	752,144	373,842	378,302
5 – 9	3,122,646	1,599,932	1,522,714	55 – 59	2,785,286	1,379,477	1,405,809
5	603,507	309,174	294,333	55	577,345	286,093	291,252
6	608,141	312,179	295,962	56	596,635	295,882	300,753
7	625,113	320,232	304,881	57	575,767	285,742	290,025
8	631,401	323,364	308,037	58	548,342	271,670	276,672
9	654,484	334,983	319,501	59	487,197	240,090	247,107
10 – 14	3,229,098	1,653,107	1,575,991	60 – 64	2,391,708	1,174,449	1,217,259
10	660,191	338,099	322,092	60	462,384	227,604	234,780
11	646,745	331,255	315,490	61	491,916	241,652	250,264
12	641,090	327,943	313,147	62	487,274	239,145	248,129
13	651,541	333,877	317,664	63	481,893	236,833	245,060
14	629,531	321,933	307,598	64	468,241	229,215	239,026
15 – 19	3,032,714	1,550,903	1,481,811	65 – 69	2,153,925	1,034,649	1,119,276
15	633,031	325,065	307,966	65	454,031	220,784	233,247
16	627,500	322,315	305,185	66	439,393	213,043	226,350
17	602,405	309,410	292,995	67	420,131	201,919	218,212
18	590,163	301,286	288,877	68	419,857	199,973	219,884
19	579,615	292,827	286,788	69	420,513	198,930	221,583
20 – 24	2,952,885	1,469,004	1,483,881	70 – 74	1,948,731	886,793	1,061,938
20	615,720	309,375	306,345	70	419,122	194,774	224,348
21	611,515	306,074	305,441	71	404,896	185,767	219,129
22	588,418	292,741	295,677	72	387,863	176,305	211,558
23	564,292	279,012	285,280	73	370,719	167,065	203,654
24	572,940	281,802	291,138	74	366,131	162,882	203,249
25 – 29	3,268,760	1,603,559	1,665,201	75 – 79	1,645,033	687,287	957,746
25	589,066	289,035	300,031	75	354,843	154,914	199,929
26	617,714	303,057	314,657	76	338,388	144,505	193,883
27	642,896	314,781	328,115	77	325,619	135,882	189,737
28	689,454	338,942	350,512	78	313,071	127,434	185,637
29	729,630	357,744	371,886	79	313,112	124,552	188,560
30 – 34	3,785,676	1,857,168	1,928,508	80 – 84	1,105,896	408,958	696,938
30	741,403	362,570	378,833	80	311,280	120,137	191,143
31	732,927	359,830	373,097	81	285,666	108,859	176,807
32	759,996	372,137	387,859	82	184,741	67,379	117,362
33	764,045	374,936	389,109	83	157,586	55,567	102,019
34	787,305	387,695	399,610	84	166,623	57,016	109,607
35 – 39	3,881,043	1,915,937	1,965,106	85 – 89	638,384	193,860	444,524
35	784,119	385,742	398,377	85	156,146	51,134	105,012
36	790,390	389,731	400,659	86	150,100	46,897	103,203
37	783,251	386,641	396,610	87	129,828	38,823	91,005
38	771,041	381,358	389,683	88	110,880	31,787	79,093
39	752,242	372,465	379,777	89	91,430	25,219	66,211
40 – 44	3,460,849	1,719,412	1,741,437	90 and over	315,632	71,182	244,450
40	729,614	361,764	367,850				
41	700,948	348,247	352,701	Under 16	9,911,235	5,076,458	4,834,777
42	690,452	343,179	347,273	Under 18	11,141,140	5,708,183	5,432,957
43	682,188	339,493	342,695				
44	657,647	326,729	330,918	16 – 44	19,748,896	9,790,918	9,957,978
45 – 49	3,111,538	1,541,999	1,569,539	45 – 64/59*	10,453,840	5,773,285	4,680,555
45	633,669	314,532	319,137	65/60** and over	9,024,860	3,282,729	5,742,131
46	619,651	306,903	312,748				
47	627,232	310,687	316,545				
48	617,699	306,273	311,426				
49	613,287	303,604	309,683				

45 – 64 for males; 45 – 59 for females.
**65 and over for males; 60 and over for females.*

Table **P4**

Population at Census Day 2001: Resident population by single year of age and sex

Persons   **Wales**

Age	Persons	Males	Females	Age	Persons	Males	Females
a	b	c	d	a	b	c	d
All ages	**2,903,085**	**1,403,900**	**1,499,185**				
0 – 4	167,897	86,109	81,788	50 – 54	208,337	103,262	105,075
0	31,779	16,417	15,362	50	38,003	18,627	19,376
1	31,967	16,383	15,584	51	39,831	19,823	20,008
2	33,447	17,054	16,393	52	40,749	20,206	20,543
3	34,686	17,707	16,979	53	44,410	22,121	22,289
4	36,018	18,548	17,470	54	45,344	22,485	22,859
5 – 9	185,326	94,756	90,570	55 – 59	176,844	87,520	89,324
5	35,290	18,258	17,032	55	35,552	17,532	18,020
6	35,626	18,103	17,523	56	37,211	18,322	18,889
7	37,035	18,969	18,066	57	36,237	18,121	18,116
8	37,866	19,350	18,516	58	35,482	17,516	17,966
9	39,509	20,076	19,433	59	32,362	16,029	16,333
10 – 14	195,977	100,986	94,991	60 – 64	152,920	75,175	77,745
10	39,496	20,429	19,067	60	30,684	14,937	15,747
11	38,693	20,014	18,679	61	31,099	15,564	15,535
12	39,373	20,365	19,008	62	30,853	15,147	15,706
13	39,548	20,178	19,370	63	30,592	14,958	15,634
14	38,867	20,000	18,867	64	29,692	14,569	15,123
15 – 19	184,711	93,186	91,525	65 – 69	138,461	66,318	72,143
15	38,595	19,819	18,776	65	29,047	14,169	14,878
16	38,783	19,787	18,996	66	28,543	13,931	14,612
17	36,201	18,334	17,867	67	27,151	12,945	14,206
18	35,813	17,988	17,825	68	27,055	12,772	14,283
19	35,319	17,258	18,061	69	26,665	12,501	14,164
20 – 24	169,494	84,384	85,110	70 – 74	125,731	57,236	68,495
20	38,215	18,854	19,361	70	26,877	12,653	14,224
21	37,567	18,821	18,746	71	25,989	11,985	14,004
22	33,408	16,824	16,584	72	24,953	11,372	13,581
23	30,120	14,811	15,309	73	23,689	10,641	13,048
24	30,184	15,074	15,110	74	24,223	10,585	13,638
25 – 29	166,348	81,244	85,104	75 – 79	109,831	45,805	64,026
25	29,953	14,900	15,053	75	24,043	10,584	13,459
26	31,166	15,216	15,950	76	22,781	9,704	13,077
27	32,506	15,765	16,741	77	21,688	9,048	12,640
28	34,920	16,893	18,027	78	20,507	8,401	12,106
29	37,803	18,470	19,333	79	20,812	8,068	12,744
30 – 34	198,298	95,545	102,753	80 – 84	72,373	26,294	46,079
30	38,622	18,716	19,906	80	19,844	7,635	12,209
31	38,268	18,379	19,889	81	18,110	6,686	11,424
32	40,240	19,443	20,797	82	12,801	4,735	8,066
33	39,986	19,224	20,762	83	10,853	3,683	7,170
34	41,182	19,783	21,399	84	10,765	3,555	7,210
35 – 39	212,174	103,814	108,360	85 – 89	39,046	11,605	27,441
35	41,694	20,396	21,298	85	9,688	3,068	6,620
36	42,945	21,025	21,920	86	9,247	2,839	6,408
37	43,053	21,020	22,033	87	7,922	2,302	5,620
38	42,543	20,686	21,857	88	6,594	1,935	4,659
39	41,939	20,687	21,252	89	5,595	1,461	4,134
40 – 44	195,486	95,610	99,876	90 and over	19,338	4,197	15,141
40	40,741	19,836	20,905	Under 16	587,795	301,670	286,125
41	39,052	19,169	19,883				
42	39,028	19,135	19,893	Under 18	662,779	339,791	322,988
43	38,776	18,866	19,910				
44	37,889	18,604	19,285	16 – 44	1,087,916	533,964	553,952
45 – 49	184,493	90,854	93,639	45 – 64/59*	644,849	356,811	288,038
45	36,476	17,890	18,586	65/60** and over	582,525	211,455	371,070
46	36,094	17,866	18,228				
47	37,632	18,481	19,151				
48	37,251	18,280	18,971				
49	37,040	18,337	18,703				

* 45 – 64 for males; 45 – 59 for females.
** 65 and over for males; 60 and over for females.

Table **P5**

Population at Census Day 2001: Local Authority Districts and Other Geographies

Persons

Area	All	0 – 4	5 – 9	10 – 14	15 – 19	20 – 24	25 – 29	30 – 34	35 – 39	40 – 44
a	b	c	d	e	f	g	h	i	j	k
UNITED KINGDOM	58,789,194	3,486,469	3,738,160	3,880,609	3,663,899	3,546,151	3,867,115	4,493,585	4,625,810	4,151,580
ENGLAND AND WALES	52,041,916	3,094,357	3,307,972	3,425,075	3,217,425	3,122,379	3,435,108	3,983,974	4,093,217	3,656,335
ENGLAND	49,138,831	2,926,460	3,122,646	3,229,098	3,032,714	2,952,885	3,268,760	3,785,676	3,881,043	3,460,849
NORTH EAST	2,515,479	138,441	157,444	167,435	164,054	149,847	148,190	178,238	195,130	183,057
Darlington UA	97,822	5,699	6,302	6,521	5,845	4,826	5,822	7,119	7,626	7,157
Hartlepool UA	88,629	5,281	6,234	6,459	5,917	4,557	4,856	6,231	7,007	6,470
Middlesbrough UA	134,847	8,311	9,401	10,120	10,363	9,239	8,182	9,152	10,256	9,778
Redcar and Cleveland UA	139,141	7,535	9,190	9,777	9,149	7,030	7,394	9,443	10,552	9,695
Stockton-on-Tees UA	178,405	10,335	11,894	12,821	11,971	9,872	10,754	13,219	14,451	13,644
Durham	493,470	26,235	30,236	31,497	32,064	28,784	27,573	35,637	38,641	35,410
Chester-le-Street	53,694	2,956	3,400	3,299	3,065	2,452	3,118	4,284	4,670	3,970
Derwentside	85,065	4,641	5,200	5,420	5,061	4,190	4,870	6,292	6,628	6,209
Durham	87,725	4,056	4,498	4,786	7,357	9,007	5,100	6,163	6,498	5,912
Easington	93,981	5,336	6,320	6,531	5,987	4,916	5,242	6,803	7,344	6,883
Sedgefield	87,206	4,782	5,635	5,888	5,462	4,295	4,872	6,234	6,859	6,309
Teesdale	24,457	1,117	1,362	1,527	1,512	1,111	1,131	1,495	1,844	1,738
Wear Valley	61,342	3,347	3,821	4,046	3,620	2,813	3,240	4,366	4,798	4,389
Northumberland	307,186	15,794	18,275	19,835	18,585	14,223	15,785	20,113	23,201	23,210
Alnwick	31,033	1,586	1,785	1,873	1,698	1,236	1,432	1,945	2,391	2,357
Berwick upon Tweed	25,948	1,182	1,405	1,570	1,417	1,022	1,156	1,514	1,798	1,877
Blyth Valley	81,265	4,589	5,226	5,401	5,254	4,450	5,022	5,873	6,116	5,976
Castle Morpeth	49,011	2,269	2,780	3,024	3,027	2,093	2,092	2,692	3,602	3,941
Tynedale	58,805	2,900	3,498	3,982	3,507	2,361	2,500	3,474	4,532	4,715
Wansbeck	61,124	3,268	3,581	3,985	3,682	3,061	3,583	4,615	4,762	4,344
Tyne and Wear (Met County)	1,075,979	59,251	65,912	70,405	70,160	71,316	67,824	77,324	83,396	77,693
Gateshead	191,151	10,743	11,624	12,171	11,771	10,119	11,499	14,135	15,301	13,965
Newcastle upon Tyne	259,573	14,254	15,345	15,952	18,334	24,829	18,303	18,739	19,372	18,102
North Tyneside	191,663	10,382	11,626	12,364	11,058	9,746	11,362	13,758	15,292	14,061
South Tyneside	152,785	8,446	9,694	10,676	9,763	8,057	8,803	10,530	12,013	11,278
Sunderland	280,807	15,426	17,623	19,242	19,234	18,565	17,857	20,162	21,418	20,287
NORTH WEST	6,729,800	395,428	438,708	466,256	436,497	389,306	415,674	495,832	519,826	470,926
Blackburn with Darwen UA	137,471	10,550	10,915	11,037	9,880	8,277	9,309	10,452	10,253	9,084
Blackpool UA	142,284	7,798	8,412	8,872	7,951	6,844	8,091	10,397	10,476	9,293
Halton UA	118,215	7,152	7,879	8,799	8,387	6,849	7,655	8,560	9,073	8,555
Warrington UA	191,084	11,674	12,577	13,064	11,682	9,761	11,857	15,251	16,698	14,183
Cheshire	673,777	37,975	42,472	43,808	39,129	32,114	38,725	48,849	53,803	48,591
Chester	118,207	6,344	6,933	7,107	7,035	6,844	7,666	8,715	8,954	8,031
Congleton	90,668	4,961	5,513	5,733	5,286	4,500	5,104	6,595	7,290	6,510
Crewe and Nantwich	111,006	6,545	7,613	7,251	6,631	5,593	6,523	8,099	8,878	7,940
Ellesmere Port & Neston	81,671	4,850	5,404	5,738	4,884	3,891	4,641	5,953	6,639	5,933
Macclesfield	150,144	8,124	8,903	9,538	8,113	5,805	7,828	10,407	12,033	11,317
Vale Royal	122,081	7,151	8,106	8,441	7,180	5,481	6,963	9,080	10,009	8,860
Cumbria	487,607	25,307	29,371	30,978	28,466	22,404	26,834	33,758	36,519	35,377
Allerdale	93,493	4,791	5,728	5,900	5,381	4,188	5,003	6,555	6,864	6,663
Barrow-in-Furness	71,979	4,124	4,867	5,026	4,367	3,261	4,252	5,323	5,464	5,004
Carlisle	100,734	5,262	6,105	6,337	6,082	5,356	6,098	6,984	7,617	7,556
Copeland	69,316	3,734	4,274	4,735	4,264	3,315	3,954	4,972	5,582	5,238
Eden	49,779	2,606	2,843	2,991	2,699	2,058	2,564	3,418	3,711	3,720
South Lakeland	102,306	4,790	5,554	5,989	5,673	4,226	4,963	6,506	7,281	7,196
Greater Manchester (Met County)	2,482,352	152,886	165,852	174,287	162,324	158,044	167,179	192,918	194,754	169,559
Bolton	261,035	16,786	17,819	18,380	16,863	14,821	17,472	19,965	20,078	17,680
Bury	180,612	11,117	12,231	13,075	11,199	8,942	11,420	13,742	15,050	12,769
Manchester	392,819	24,693	25,550	27,449	29,556	44,862	33,439	31,339	28,303	23,832
Oldham	217,393	15,198	15,630	15,949	14,479	11,925	13,702	16,442	16,722	14,588
Rochdale	205,233	13,769	14,649	15,474	13,730	11,220	13,149	15,257	15,804	14,378
Salford	216,119	12,525	14,159	14,426	14,668	15,142	14,608	16,327	16,443	14,604
Stockport	284,544	16,472	18,124	19,517	16,766	13,248	16,676	22,233	23,096	20,377
Tameside	213,045	12,794	14,345	15,456	13,441	11,173	13,389	17,419	17,550	14,852
Trafford	210,135	11,978	13,412	14,197	12,947	10,569	13,435	16,011	17,751	15,813
Wigan	301,417	17,554	19,933	20,364	18,675	16,142	19,889	24,183	23,957	20,666

45 – 49	50 – 54	55 – 59	60 – 64	65 – 69	70 – 74	75 – 79	80 – 84	85 – 89	90 and over	Area
l	m	n	o	p	q	r	s	t	u	a
3,735,964	4,040,437	3,338,861	2,879,948	2,596,843	2,339,231	1,966,929	1,313,547	752,787	371,269	**UNITED KINGDOM**
3,296,031	3,590,904	2,962,130	2,544,628	2,292,386	2,074,462	1,754,864	1,178,269	677,430	334,970	**ENGLAND AND WALES**
3,111,538	3,382,567	2,785,286	2,391,708	2,153,925	1,948,731	1,645,033	1,105,896	638,384	315,632	**ENGLAND**
167,262	177,788	140,950	131,328	121,206	108,337	88,599	55,430	28,946	13,797	**NORTH EAST**
6,535	7,082	5,514	5,118	4,497	4,183	3,677	2,310	1,328	661	**Darlington UA**
5,765	6,122	4,688	4,663	4,512	3,742	3,000	1,842	865	418	**Hartlepool UA**
8,631	8,461	6,525	6,316	5,973	5,422	4,283	2,565	1,284	585	**Middlesbrough UA**
9,113	10,321	8,653	8,021	6,709	6,024	5,004	3,170	1,642	719	**Redcar and Cleveland UA**
12,002	12,633	9,632	8,684	8,161	6,977	5,510	3,399	1,690	756	**Stockton-on-Tees UA**
33,130	36,101	29,846	26,770	23,973	21,076	17,364	10,694	5,690	2,749	**Durham**
3,759	4,006	3,390	3,031	2,624	2,106	1,680	1,019	585	280	Chester-le-Street
5,801	6,228	5,117	4,660	4,226	3,663	3,194	1,999	1,127	539	Derwentside
5,644	6,411	5,168	4,457	3,734	3,353	2,604	1,654	915	408	Durham
5,954	6,145	5,465	5,038	4,916	4,331	3,356	1,930	976	508	Easington
6,055	6,590	5,243	4,707	4,154	3,762	3,213	1,866	864	416	Sedgefield
1,696	2,032	1,690	1,510	1,302	1,168	1,008	669	358	187	Teesdale
4,221	4,689	3,773	3,367	3,017	2,693	2,309	1,557	865	411	Wear Valley
22,368	24,645	19,876	17,238	15,750	13,675	11,503	7,226	3,972	1,912	**Northumberland**
2,226	2,436	2,102	1,871	1,771	1,545	1,258	825	448	248	Alnwick
1,735	2,065	1,838	1,661	1,623	1,438	1,188	764	459	236	Berwick upon Tweed
6,044	6,627	4,939	4,042	3,533	2,933	2,545	1,523	800	372	Blyth Valley
3,599	4,103	3,342	3,035	2,803	2,405	1,999	1,215	682	308	Castle Morpeth
4,542	4,941	3,914	3,320	3,009	2,581	2,228	1,507	849	445	Tynedale
4,222	4,473	3,741	3,309	3,011	2,773	2,285	1,392	734	303	Wansbeck
69,718	72,423	56,216	54,518	51,631	47,238	38,258	24,224	12,475	5,997	**Tyne and Wear (Met County)**
11,988	13,340	10,773	10,577	9,830	8,737	6,938	4,348	2,258	1,034	Gateshead
15,749	15,571	12,013	11,641	11,210	10,483	8,822	5,967	3,342	1,545	Newcastle upon Tyne
13,481	13,732	10,635	9,882	9,444	8,939	7,414	4,805	2,410	1,272	North Tyneside
9,971	10,312	7,947	8,049	7,608	7,204	6,104	3,789	1,722	819	South Tyneside
18,529	19,468	14,848	14,369	13,539	11,875	8,980	5,315	2,743	1,327	Sunderland
428,153	471,019	383,435	342,737	305,812	272,393	225,560	148,073	83,318	40,847	**NORTH WEST**
8,348	8,560	6,643	5,854	5,238	4,599	3,836	2,514	1,425	697	**Blackburn with Darwen UA**
8,797	10,005	9,005	8,489	7,364	6,856	5,986	4,101	2,349	1,198	**Blackpool UA**
8,388	9,028	6,402	5,484	4,788	4,308	3,243	2,155	1,047	463	**Halton UA**
12,634	13,611	11,248	9,804	7,935	6,883	5,609	3,711	1,960	942	**Warrington UA**
45,361	51,338	42,816	36,456	31,825	28,622	23,294	15,472	8,714	4,413	**Cheshire**
7,732	8,613	7,372	6,410	5,637	5,213	4,276	2,862	1,661	802	Chester
6,326	7,370	6,215	4,903	4,103	3,630	2,966	2,009	1,121	533	Congleton
7,241	8,073	6,896	5,769	5,079	4,566	3,797	2,491	1,341	680	Crewe and Nantwich
5,340	5,742	4,777	4,582	4,099	3,487	2,636	1,710	892	473	Ellesmere Port & Neston
10,430	12,058	9,887	8,476	7,545	6,793	5,570	3,799	2,303	1,215	Macclesfield
8,292	9,482	7,669	6,316	5,362	4,933	4,049	2,601	1,396	710	Vale Royal
32,441	37,513	31,143	28,166	25,255	22,582	18,439	12,637	6,852	3,565	**Cumbria**
6,336	7,492	6,076	5,445	4,888	4,363	3,515	2,420	1,224	661	Allerdale
4,544	5,239	4,450	4,043	3,351	2,908	2,442	1,937	963	414	Barrow-in-Furness
6,693	7,283	5,928	5,413	5,123	4,549	3,835	2,442	1,385	686	Carlisle
4,565	5,177	4,191	3,928	3,462	2,969	2,335	1,526	734	361	Copeland
3,466	4,075	3,354	2,979	2,706	2,419	1,843	1,217	690	420	Eden
6,837	8,247	7,144	6,358	5,725	5,374	4,469	3,095	1,856	1,023	South Lakeland
152,340	167,529	135,685	119,474	104,460	91,830	78,735	51,774	28,971	13,751	**Greater Manchester (Met County)**
16,169	18,271	15,139	12,654	10,721	9,660	8,744	5,324	3,035	1,454	Bolton
11,722	13,231	10,490	8,969	7,754	6,580	5,484	3,567	2,155	1,115	Bury
20,352	19,976	15,912	15,550	14,062	12,907	11,405	7,314	4,309	2,009	Manchester
13,683	14,965	12,226	10,835	8,755	7,607	6,601	4,369	2,530	1,187	Oldham
13,754	14,429	10,870	9,359	8,232	7,756	6,284	3,859	2,170	1,090	Rochdale
12,318	13,924	11,341	10,514	10,177	8,384	7,369	5,255	2,635	1,300	Salford
18,799	20,722	16,638	14,869	13,169	11,932	9,844	6,414	3,827	1,821	Stockport
13,049	15,129	12,132	10,501	8,811	7,853	6,812	4,602	2,550	1,187	Tameside
13,794	14,445	11,408	10,271	9,465	8,433	7,143	5,041	2,686	1,336	Trafford
18,700	22,437	19,529	15,952	13,314	10,718	9,049	6,029	3,074	1,252	Wigan

Table **P5**

Population at Census Day 2001: Local Authority Districts and Other Geographies - *continued*

Persons

Area					Age in Years					
	All	0 – 4	5 – 9	10 – 14	15 – 19	20 – 24	25 – 29	30 – 34	35 – 39	40 – 44
a	b	c	d	e	f	g	h	i	j	k
Lancashire	1,134,976	65,309	73,102	78,213	74,286	63,545	66,437	80,384	85,398	78,885
Burnley	89,541	5,616	6,414	6,957	6,034	4,847	5,514	6,392	6,768	6,336
Chorley	100,449	5,519	6,318	6,725	6,062	5,091	6,360	7,612	8,112	7,522
Fylde	73,249	3,545	3,976	4,427	3,817	2,940	3,453	4,770	5,349	5,175
Hyndburn	81,487	5,426	6,216	5,819	5,090	4,302	5,239	6,287	6,234	5,443
Lancaster	133,914	7,305	7,689	8,336	10,322	11,096	7,492	9,040	9,335	8,656
Pendle	89,252	5,955	6,234	6,686	6,192	4,936	5,375	6,142	6,500	6,118
Preston	129,642	7,829	8,547	8,892	9,598	10,071	9,404	9,749	9,754	8,883
Ribble Valley	53,961	2,958	3,254	3,684	3,254	2,153	2,631	3,824	4,247	3,874
Rossendale	65,657	4,068	4,743	4,951	4,073	3,171	3,979	4,844	5,324	4,690
South Ribble	103,863	5,654	6,575	7,367	6,344	4,993	6,203	7,603	8,343	7,496
West Lancashire	108,377	6,123	6,977	7,403	7,187	5,770	5,882	7,340	8,180	7,715
Wyre	105,584	5,311	6,159	6,966	6,313	4,175	4,905	6,781	7,252	6,977
Merseyside (Met County)	1,362,034	76,777	88,128	97,198	94,392	81,468	79,587	95,263	102,852	97,399
Knowsley	150,468	9,443	10,887	11,732	11,059	8,004	8,779	11,682	12,173	11,319
Liverpool	439,476	24,869	26,688	30,789	33,626	37,115	29,194	31,175	32,833	31,188
St. Helens	176,845	10,084	11,955	12,218	11,139	9,210	10,826	13,312	13,342	12,242
Sefton	282,956	14,895	18,407	19,987	18,171	12,820	14,165	18,627	21,338	20,529
Wirral	312,289	17,486	20,191	22,472	20,397	14,319	16,623	20,467	23,166	22,121
YORKSHIRE AND THE HUMBER	4,964,838	292,044	321,943	336,495	319,993	303,922	309,062	368,017	379,121	347,543
East Riding of Yorkshire UA	314,076	16,058	18,721	20,205	19,180	13,480	15,770	20,344	23,595	22,451
Kingston upon Hull, City of UA	243,595	15,012	16,954	17,367	16,352	18,085	16,773	18,464	18,455	16,312
North East Lincolnshire UA	157,983	9,634	10,885	12,038	10,386	7,701	9,199	11,259	12,221	10,872
North Lincolnshire UA	152,839	8,608	9,849	10,397	9,346	7,151	8,210	10,995	11,834	10,989
York UA	181,131	9,363	9,786	10,612	11,982	14,182	12,128	13,839	13,804	12,288
North Yorkshire	569,660	29,921	34,498	37,967	34,202	24,990	29,881	38,136	43,369	41,741
Craven	53,621	2,696	3,123	3,621	3,075	2,002	2,497	3,264	3,837	3,896
Hambleton	84,123	4,422	5,200	5,554	4,633	3,399	3,999	5,566	6,718	6,357
Harrogate	151,339	8,204	9,337	9,766	9,495	6,894	8,416	10,790	12,146	11,472
Richmondshire	47,009	2,849	2,851	3,000	3,436	2,924	3,158	3,581	3,501	3,188
Ryedale	50,868	2,454	2,959	3,357	2,885	1,809	2,404	3,082	3,640	3,540
Scarborough	106,233	5,050	5,975	7,005	6,111	4,789	5,178	6,232	7,112	7,151
Selby	76,467	4,246	5,053	5,664	4,567	3,173	4,229	5,621	6,415	6,137
South Yorkshire (Met County)	1,266,337	73,614	81,662	83,196	80,190	79,432	79,025	96,421	97,672	88,729
Barnsley	218,062	12,498	14,570	14,544	13,219	10,621	13,082	17,383	17,213	15,472
Doncaster	286,865	16,881	18,955	20,089	18,312	14,818	16,711	20,692	22,504	20,978
Rotherham	248,176	15,003	16,650	17,211	15,433	12,646	14,676	18,804	19,211	18,183
Sheffield	513,234	29,232	31,487	31,352	33,226	41,347	34,556	39,542	38,744	34,096
West Yorkshire (Met County)	2,079,217	129,834	139,588	144,713	138,355	138,901	138,076	158,559	158,171	144,161
Bradford	467,668	33,239	34,650	34,571	33,291	31,885	30,525	33,917	34,168	32,131
Calderdale	192,396	12,057	13,003	13,411	11,572	9,124	11,692	14,605	15,527	13,886
Kirklees	388,576	25,552	26,178	27,078	25,394	23,523	25,434	29,904	29,412	27,177
Leeds	715,404	40,871	45,150	47,971	48,531	58,171	50,815	54,945	53,873	48,430
Wakefield	315,173	18,115	20,607	21,682	19,567	16,198	19,610	25,188	25,191	22,537
EAST MIDLANDS	4,172,179	239,024	265,229	279,342	260,143	245,059	254,366	312,845	325,433	294,157
Derby UA	221,716	13,667	14,769	15,234	14,692	15,122	15,330	17,142	17,025	14,476
Leicester UA	279,923	19,132	19,485	19,750	20,576	26,116	21,531	22,019	20,115	18,721
Nottingham UA	266,995	15,461	16,562	17,625	20,963	30,584	20,598	21,171	19,967	16,148
Rutland UA	34,560	1,796	1,933	2,344	2,627	1,667	1,872	2,384	2,599	2,365
Derbyshire	734,581	40,691	46,453	48,003	41,855	33,719	42,513	55,050	58,594	53,237
Amber Valley	116,475	6,475	7,332	7,471	6,473	5,203	6,998	8,832	9,220	8,166
Bolsover	71,764	4,039	4,594	4,686	4,138	3,329	4,360	5,644	5,766	5,004
Chesterfield	98,852	5,409	6,272	6,183	5,554	4,844	6,058	7,351	7,797	7,183
Derbyshire Dales	69,472	3,483	3,997	4,390	3,729	2,704	3,116	4,346	5,261	5,142
Erewash	110,091	6,286	7,350	7,505	6,316	5,335	7,094	8,989	8,999	7,715
High Peak	89,421	5,311	5,757	6,218	5,200	3,945	4,794	6,683	7,563	7,011
North East Derbyshire	96,935	4,711	5,917	6,049	5,608	4,438	5,006	6,546	7,234	7,050
South Derbyshire	81,571	4,977	5,234	5,501	4,837	3,921	5,087	6,659	6,754	5,966

				Age in years						
45 – 49	50 —54	55 – 59	60 – 64	65 – 69	70 – 74	75 – 79	80 – 84	85 – 89	90 and over	Area
l	m	n	o	p	q	r	s	t	u	a
73,133	81,837	67,317	58,614	52,844	47,160	39,964	25,791	15,036	7,721	**Lancashire**
5,770	6,334	4,854	4,161	3,671	3,355	2,972	1,892	1,081	573	Burnley
6,905	8,201	6,608	5,172	4,285	3,404	2,960	1,898	1,098	597	Chorley
4,725	5,349	4,781	4,230	4,164	4,229	3,580	2,493	1,485	761	Fylde
5,191	5,346	4,582	4,021	3,263	3,106	2,659	1,756	1,056	451	Hyndburn
7,914	8,929	7,380	6,590	6,367	5,851	4,967	3,393	2,117	1,135	Lancaster
6,257	6,195	4,833	4,092	3,706	3,399	2,974	1,918	1,113	627	Pendle
7,578	8,140	6,352	5,896	5,490	4,756	4,029	2,597	1,355	722	Preston
3,719	4,317	3,684	3,073	2,749	2,228	1,927	1,215	741	429	Ribble Valley
4,429	5,028	3,872	3,043	2,683	2,427	2,043	1,225	732	332	Rossendale
7,072	8,020	6,502	5,523	4,719	4,178	3,422	2,088	1,209	552	South Ribble
7,149	8,367	7,135	6,225	5,322	4,231	3,304	2,175	1,277	615	West Lancashire
6,424	7,611	6,734	6,588	6,425	5,996	5,127	3,141	1,772	927	Wyre
86,711	91,598	73,176	70,396	66,103	59,553	46,454	29,918	16,964	8,097	**Merseyside (Met County)**
9,435	9,175	7,064	7,415	7,207	6,486	4,423	2,433	1,205	547	Knowsley
26,571	26,987	20,453	20,895	19,805	17,889	13,476	8,736	4,926	2,261	Liverpool
11,367	13,165	10,706	9,698	8,459	7,077	5,774	3,559	1,878	834	St. Helens
18,641	19,459	16,381	15,996	15,184	13,709	10,956	7,280	4,186	2,225	Sefton
20,697	22,812	18,572	16,392	15,448	14,392	11,825	7,910	4,769	2,230	Wirral
313,913	345,731	280,569	247,904	223,673	199,996	168,490	111,562	63,658	31,202	**YORKSHIRE AND THE HUMBER**
21,469	25,642	21,086	18,307	16,718	14,560	11,886	7,755	4,559	2,290	**East Riding of Yorkshire UA**
14,653	15,486	11,254	11,091	10,781	9,487	7,967	4,959	2,872	1,271	**Kingston upon Hull, City of UA**
9,900	10,906	8,719	8,148	7,493	6,455	5,473	3,643	2,040	1,011	**North East Lincolnshire UA**
10,468	11,517	9,548	8,227	7,382	6,560	5,494	3,514	1,861	889	**North Lincolnshire UA**
11,116	12,633	9,951	8,886	8,236	7,561	6,654	4,379	2,466	1,265	**York UA**
37,937	44,499	36,991	32,083	28,308	25,588	21,338	14,571	8,945	4,695	**North Yorkshire**
3,676	4,333	3,661	3,084	2,865	2,629	2,267	1,574	1,006	515	Craven
5,901	6,820	5,825	5,041	4,278	3,747	3,010	1,990	1,095	568	Hambleton
9,903	11,250	9,215	8,106	7,007	6,440	5,277	3,811	2,452	1,358	Harrogate
2,830	3,302	2,794	2,438	2,088	1,815	1,407	978	583	286	Richmondshire
3,445	4,085	3,632	3,188	2,889	2,616	2,108	1,447	886	442	Ryedale
6,811	8,531	7,044	6,496	5,890	5,554	4,895	3,297	2,024	1,088	Scarborough
5,371	6,178	4,820	3,730	3,291	2,787	2,374	1,474	899	438	Selby
78,695	85,434	73,163	64,143	57,727	51,451	43,691	28,989	15,786	7,317	**South Yorkshire (Met County)**
14,281	15,329	13,270	11,273	10,176	8,968	7,636	4,779	2,531	1,217	Barnsley
18,493	20,144	16,657	14,690	13,637	12,444	10,256	5,980	3,192	1,432	Doncaster
16,036	17,680	14,987	12,999	11,305	9,714	8,185	5,361	2,845	1,247	Rotherham
29,885	32,281	28,249	25,181	22,609	20,325	17,614	12,869	7,218	3,421	Sheffield
129,675	139,614	109,857	97,019	87,028	78,334	65,987	43,752	25,129	12,464	**West Yorkshire (Met County)**
28,939	29,653	22,186	20,859	18,948	17,146	14,401	8,869	5,472	2,818	Bradford
12,858	14,271	11,145	9,244	7,918	7,376	6,421	4,446	2,628	1,212	Calderdale
25,019	27,459	21,629	17,972	15,566	14,303	11,929	8,162	4,565	2,320	Kirklees
41,784	45,667	36,478	33,157	30,477	27,251	22,677	15,579	8,985	4,592	Leeds
21,075	22,564	18,419	15,787	14,119	12,258	10,559	6,696	3,479	1,522	Wakefield
269,247	299,220	250,107	207,429	186,384	169,601	143,483	94,154	51,813	25,143	**EAST MIDLANDS**
12,877	13,611	11,615	10,250	9,707	9,269	7,847	4,996	2,802	1,285	**Derby UA**
16,657	15,176	11,682	11,116	9,962	9,276	8,232	5,492	3,234	1,651	**Leicester UA**
13,694	13,902	11,290	10,540	10,315	9,844	8,511	5,413	2,985	1,422	**Nottingham UA**
2,289	2,648	2,325	1,953	1,671	1,422	1,196	745	473	251	**Rutland UA**
49,332	56,287	47,689	38,215	34,002	30,611	26,380	17,780	9,567	4,603	**Derbyshire**
7,833	9,253	7,737	6,017	5,288	4,755	4,176	2,909	1,541	796	Amber Valley
4,496	4,905	4,633	3,713	3,505	3,166	2,715	1,787	897	387	Bolsover
6,454	7,227	6,052	4,996	4,537	4,398	3,972	2,566	1,373	626	Chesterfield
4,991	5,980	5,108	4,076	3,684	3,115	2,763	1,897	1,129	561	Derbyshire Dales
6,935	7,965	6,782	5,407	4,875	4,277	3,666	2,481	1,399	715	Erewash
6,148	6,952	5,504	4,523	3,822	3,449	2,765	2,025	1,169	582	High Peak
6,787	7,798	6,892	5,583	4,929	4,410	3,764	2,490	1,195	528	North East Derbyshire
5,688	6,207	4,981	3,900	3,362	3,041	2,559	1,625	864	408	South Derbyshire

Table **P5**

Population at Census Day 2001: Local Authority Districts and Other Geographies - *continued*

Persons

Area	All	0 – 4	5 – 9	10 – 14	15 – 19	20 – 24	25 – 29	30 – 34	35 – 39	40 – 44
a	b	c	d	e	f	g	h	i	j	k
Leicestershire	**609,579**	**34,220**	**37,792**	**39,741**	**38,790**	**34,058**	**34,672**	**45,394**	**48,179**	**44,365**
Blaby	90,251	5,204	5,816	5,938	5,384	4,232	5,476	7,200	7,467	6,918
Charnwood	153,461	8,161	9,328	9,902	11,517	12,497	9,120	11,103	11,231	10,534
Harborough	76,560	4,585	4,891	5,042	4,281	3,192	3,893	5,681	6,461	5,896
Hinckley and Bosworth	100,138	5,535	5,908	6,427	5,853	4,887	5,700	7,525	7,836	7,259
Melton	47,863	2,789	3,056	3,085	2,679	2,200	2,428	3,588	3,969	3,595
North West Leicestershire	85,512	5,041	5,284	5,487	4,692	4,086	5,122	6,502	6,991	6,186
Oadby and Wigston	55,794	2,905	3,509	3,860	4,384	2,964	2,933	3,795	4,224	3,977
Lincolnshire	**646,646**	**34,140**	**39,087**	**42,718**	**37,998**	**31,584**	**34,166**	**43,385**	**47,603**	**44,470**
Boston	55,739	2,977	3,312	3,467	3,250	2,602	3,164	3,613	3,876	3,756
East Lindsey	130,455	6,123	7,112	8,289	7,242	5,425	5,808	7,704	8,517	8,323
Lincoln	85,616	5,054	5,321	5,767	5,978	7,479	6,036	6,553	6,550	5,605
North Kesteven	94,024	5,138	5,840	6,121	5,126	3,989	4,964	6,725	7,647	6,695
South Holland	76,512	3,785	4,339	4,684	3,921	3,158	3,940	4,945	5,404	4,929
South Kesteven	124,788	7,074	8,150	8,750	7,676	5,736	6,697	8,923	9,753	9,323
West Lindsey	79,512	3,989	5,013	5,640	4,805	3,195	3,557	4,922	5,856	5,839
Northamptonshire	**629,676**	**38,730**	**42,036**	**44,102**	**39,210**	**34,352**	**40,088**	**49,675**	**51,334**	**46,214**
Corby	53,177	3,284	3,753	4,161	3,662	2,792	3,009	4,104	4,407	4,067
Daventry	71,838	4,300	5,000	5,175	4,339	3,149	3,877	5,509	5,988	5,691
East Northamptonshire	76,527	4,779	5,034	5,307	4,790	3,432	4,491	6,016	6,206	5,485
Kettering	81,842	4,900	5,366	5,526	4,697	4,222	5,534	6,554	6,478	5,613
Northampton	194,477	12,188	12,625	13,204	12,807	13,801	14,702	15,878	15,730	13,712
South Northamptonshire	79,285	4,735	5,352	5,729	4,563	3,223	3,926	5,822	6,897	6,636
Wellingborough	72,530	4,544	4,906	5,000	4,352	3,733	4,549	5,792	5,628	5,010
Nottinghamshire	**748,503**	**41,187**	**47,112**	**49,825**	**43,432**	**37,857**	**43,596**	**56,625**	**60,017**	**54,161**
Ashfield	111,482	6,540	7,134	7,456	6,470	5,899	6,949	9,038	8,909	7,785
Bassetlaw	107,701	6,052	6,804	7,202	6,424	5,126	6,021	8,124	8,545	7,810
Broxtowe	107,572	5,536	6,502	6,947	5,909	5,948	6,790	8,306	8,831	7,729
Gedling	111,776	5,868	6,684	7,350	6,421	5,279	6,567	8,446	8,823	8,210
Mansfield	98,095	5,360	6,557	6,967	6,175	5,135	5,605	7,339	7,830	7,056
Newark and Sherwood	106,287	5,916	6,803	7,189	6,154	4,836	5,656	7,627	8,195	7,601
Rushcliffe	105,590	5,915	6,628	6,714	5,879	5,634	6,008	7,745	8,884	7,970
WEST MIDLANDS	**5,267,337**	**319,119**	**343,718**	**363,129**	**339,858**	**309,098**	**328,071**	**392,816**	**399,171**	**359,668**
County of Herefordshire UA	**174,844**	**9,508**	**10,765**	**11,580**	**9,808**	**7,054**	**9,028**	**11,504**	**12,994**	**12,276**
Stoke-on-Trent UA	**240,643**	**13,894**	**14,652**	**16,408**	**16,044**	**16,698**	**15,873**	**18,083**	**18,124**	**16,084**
Telford and Wrekin UA	**158,285**	**10,493**	**11,061**	**11,530**	**10,489**	**9,321**	**10,677**	**12,820**	**13,008**	**11,082**
Shropshire	**283,240**	**15,279**	**16,845**	**18,325**	**17,835**	**12,914**	**15,501**	**19,302**	**21,188**	**19,553**
Bridgnorth	52,535	2,547	2,903	3,183	3,474	3,017	2,942	3,346	3,775	3,566
North Shropshire	57,102	3,266	3,505	3,576	3,741	2,634	2,916	3,969	4,345	3,998
Oswestry	37,318	2,033	2,341	2,634	2,383	1,688	2,182	2,723	2,858	2,497
Shrewsbury and Atcham	95,896	5,337	5,830	6,444	6,163	4,227	5,702	6,931	7,418	6,743
South Shropshire	40,389	2,096	2,266	2,488	2,074	1,348	1,759	2,333	2,792	2,749
Staffordshire	**806,737**	**44,842**	**49,617**	**53,978**	**50,104**	**41,466**	**46,952**	**58,906**	**62,830**	**58,218**
Cannock Chase	92,127	5,835	6,038	6,428	5,759	4,771	6,265	7,806	7,717	6,438
East Staffordshire	103,765	6,299	7,060	7,300	6,323	4,878	6,162	7,906	8,373	7,739
Lichfield	93,237	5,027	5,765	6,115	5,527	4,161	4,933	6,452	7,160	6,571
Newcastle-under-Lyme	122,040	6,424	6,977	7,799	8,019	8,190	7,215	8,448	9,189	8,537
South Staffordshire	105,896	5,411	6,377	7,116	6,483	4,734	5,234	7,077	8,320	8,192
Stafford	120,653	6,043	7,031	7,628	7,204	6,255	6,847	8,526	9,255	8,653
Staffordshire Moorlands	94,488	4,796	5,291	5,967	5,603	4,368	5,035	6,543	6,987	6,616
Tamworth	74,531	5,007	5,078	5,625	5,186	4,109	5,261	6,148	5,829	5,472
Warwickshire	**505,885**	**28,592**	**30,852**	**32,791**	**29,324**	**26,746**	**30,077**	**37,770**	**39,868**	**36,234**
North Warwickshire	61,853	3,497	3,818	4,160	3,564	2,952	3,614	4,750	4,961	4,515
Nuneaton and Bedworth	119,147	7,058	8,001	8,460	7,297	6,357	7,404	9,188	9,408	8,385
Rugby	87,449	5,183	5,570	5,674	5,453	4,176	5,245	6,635	6,994	6,240
Stratford on Avon	111,474	5,990	6,458	6,760	5,785	4,519	5,451	7,438	8,601	8,284
Warwick	125,962	6,864	7,005	7,737	7,225	8,742	8,363	9,759	9,904	8,810

45 – 49	50 —54	55 – 59	60 – 64	65 – 69	70 – 74	75 – 79	80 – 84	85 – 89	90 and over	Area
l	*m*	*n*	*o*	*p*	*q*	*r*	*s*	*t*	*u*	*a*
41,520	46,753	38,013	30,635	27,316	24,364	20,020	12,832	7,405	3,510	**Leicestershire**
5,914	6,829	5,573	4,655	4,149	3,544	2,810	1,717	972	453	Blaby
10,075	11,046	8,938	7,121	6,515	5,866	4,649	3,035	1,911	912	Charnwood
5,617	6,096	5,022	3,930	3,463	2,961	2,499	1,675	928	447	Harborough
7,138	8,357	6,516	5,154	4,538	4,081	3,405	2,134	1,278	607	Hinckley and Bosworth
3,385	3,842	3,066	2,476	2,125	1,895	1,676	1,117	612	280	Melton
5,776	6,693	5,688	4,317	3,733	3,446	2,997	1,989	1,049	433	North West Leicestershire
3,615	3,890	3,210	2,982	2,793	2,571	1,984	1,165	655	378	Oadby and Wigston
41,604	48,364	42,835	36,916	33,977	31,465	25,977	17,024	8,977	4,356	**Lincolnshire**
3,662	4,171	3,720	3,273	2,962	2,877	2,260	1,478	869	450	Boston
8,133	10,188	9,814	8,804	8,276	7,607	6,062	3,945	2,061	1,022	East Lindsey
4,993	5,235	4,200	3,666	3,300	3,247	2,991	2,146	994	501	Lincoln
5,907	6,969	6,278	5,495	4,906	4,396	3,647	2,367	1,245	569	North Kesteven
4,895	5,923	5,183	4,837	4,801	4,422	3,487	2,116	1,178	565	South Holland
8,455	9,560	7,943	6,217	5,566	5,176	4,578	2,930	1,552	729	South Kesteven
5,559	6,318	5,697	4,624	4,166	3,740	2,952	2,042	1,078	520	West Lindsey
41,752	46,751	37,150	28,950	24,661	22,431	19,027	12,706	7,003	3,504	**Northamptonshire**
3,441	3,370	3,014	2,741	2,271	1,998	1,610	892	441	160	Corby
5,101	5,834	4,753	3,478	2,850	2,485	1,958	1,347	677	327	Daventry
5,252	6,020	4,680	3,632	3,123	2,730	2,360	1,681	989	520	East Northamptonshire
5,291	6,186	4,989	3,768	3,283	3,090	2,798	1,883	1,097	567	Kettering
12,036	13,234	10,020	8,024	7,028	6,603	5,829	3,842	2,119	1,095	Northampton
5,841	6,606	5,253	3,760	3,185	2,733	2,191	1,535	854	444	South Northamptonshire
4,790	5,501	4,441	3,547	2,921	2,792	2,281	1,526	826	391	Wellingborough
49,522	55,728	47,508	38,854	34,773	30,919	26,293	17,166	9,367	4,561	**Nottinghamshire**
7,004	7,815	7,228	5,789	4,874	4,279	3,799	2,610	1,257	647	Ashfield
7,157	8,194	7,005	5,741	5,073	4,509	3,632	2,392	1,278	612	Bassetlaw
6,975	8,225	6,674	5,588	5,044	4,409	3,681	2,499	1,380	599	Broxtowe
7,686	8,613	7,049	5,872	5,363	4,725	4,130	2,457	1,469	764	Gedling
6,340	6,730	5,961	4,974	4,554	4,098	3,495	2,260	1,141	518	Mansfield
6,965	8,099	7,084	5,751	5,110	4,678	3,962	2,606	1,391	664	Newark and Sherwood
7,395	8,052	6,507	5,139	4,755	4,221	3,594	2,342	1,451	757	Rushcliffe
332,579	360,716	312,297	266,793	235,899	213,804	177,453	118,333	64,625	30,190	**WEST MIDLANDS**
11,952	13,268	11,605	9,975	9,245	8,336	7,172	4,833	2,632	1,309	**County of Herefordshire UA**
14,398	16,208	13,636	11,438	10,581	10,118	8,795	5,471	2,860	1,278	**Stoke-on-Trent UA**
10,747	11,118	8,937	7,407	5,856	4,942	4,048	2,644	1,480	625	**Telford and Wrekin UA**
18,791	21,292	19,112	16,143	14,155	12,924	10,802	7,066	4,098	2,115	**Shropshire**
3,566	4,277	3,817	3,205	2,612	2,321	1,788	1,169	672	355	Bridgnorth
3,745	4,262	3,784	3,157	2,840	2,578	2,113	1,394	815	464	North Shropshire
2,430	2,642	2,324	1,974	1,798	1,641	1,449	944	509	268	Oswestry
6,334	6,991	6,085	5,173	4,412	4,102	3,576	2,351	1,415	662	Shrewsbury and Atcham
2,716	3,120	3,102	2,634	2,493	2,282	1,876	1,208	687	366	South Shropshire
54,842	61,986	53,286	43,689	37,001	32,529	26,097	16,816	9,148	4,430	**Staffordshire**
5,872	6,557	5,528	4,482	3,768	3,433	2,707	1,568	780	375	Cannock Chase
6,700	7,322	6,141	5,238	4,760	4,241	3,352	2,104	1,244	623	East Staffordshire
6,576	7,655	7,175	5,680	4,379	3,599	2,909	1,921	1,075	557	Lichfield
7,732	9,077	7,403	6,397	5,850	5,293	4,360	2,921	1,528	681	Newcastle-under-Lyme
7,631	8,524	7,625	6,344	5,221	4,381	3,349	2,105	1,179	593	South Staffordshire
8,289	9,420	8,361	6,768	5,695	5,178	4,215	2,837	1,637	811	Stafford
6,597	7,855	6,845	5,523	4,816	4,207	3,460	2,284	1,155	540	Staffordshire Moorlands
5,445	5,576	4,208	3,257	2,512	2,197	1,745	1,076	550	250	Tamworth
33,872	37,930	33,477	26,495	22,793	20,742	17,128	11,594	6,511	3,089	**Warwickshire**
4,328	4,901	4,229	3,275	2,767	2,435	1,887	1,253	646	301	North Warwickshire
7,868	8,616	7,533	5,895	5,216	4,639	3,702	2,416	1,182	522	Nuneaton and Bedworth
5,524	6,330	5,837	4,537	3,780	3,490	2,955	2,115	1,170	541	Rugby
7,924	9,159	8,222	6,686	5,648	5,035	4,096	2,800	1,751	867	Stratford on Avon
8,228	8,924	7,656	6,102	5,382	5,143	4,488	3,010	1,762	858	Warwick

Table **P5**

Population at Census Day 2001: Local Authority Districts and Other Geographies - *continued*

Persons

					Age in Years					
Area	All	0 – 4	5 – 9	10 – 14	15 – 19	20 – 24	25 – 29	30 – 34	35 – 39	40 – 44
a	b	c	d	e	f	g	h	i	j	k
West Midlands (Met County)	**2,555,596**	**166,183**	**176,697**	**183,334**	**174,291**	**167,606**	**168,852**	**194,332**	**189,583**	**168,199**
Birmingham	977,091	70,011	70,935	74,041	72,329	74,154	68,468	74,708	71,229	62,404
Coventry	300,844	18,739	19,968	20,931	22,196	24,211	20,927	22,447	21,866	19,891
Dudley	305,164	17,473	19,419	20,066	17,873	15,791	18,553	23,748	23,226	20,605
Sandwell	282,901	18,146	19,739	19,805	18,072	15,609	19,260	22,534	21,616	18,448
Solihull	199,521	11,203	13,463	14,440	12,250	8,883	10,158	13,645	15,471	14,591
Walsall	253,502	16,431	17,488	17,626	16,200	13,735	15,774	19,010	18,824	16,738
Wolverhampton	236,573	14,180	15,685	16,425	15,371	15,223	15,712	18,240	17,351	15,522
Worcestershire	**542,107**	**30,328**	**33,229**	**35,183**	**31,963**	**27,293**	**31,111**	**40,099**	**41,576**	**38,022**
Bromsgrove	87,846	4,551	5,394	5,955	4,889	3,810	4,285	6,015	6,885	6,652
Malvern Hills	72,196	3,383	4,049	4,749	4,629	2,750	3,021	4,096	4,914	5,002
Redditch	78,813	5,025	5,257	5,596	5,229	4,914	5,453	6,050	6,073	5,700
Worcester	93,358	6,075	5,886	5,770	5,497	5,964	6,923	8,572	7,884	6,438
Wychavon	112,949	6,146	6,890	6,975	6,074	4,997	5,753	8,106	8,723	8,072
Wyre Forest	96,945	5,148	5,753	6,138	5,645	4,858	5,676	7,260	7,097	6,158
EAST OF ENGLAND	**5,388,154**	**321,639**	**343,800**	**350,844**	**317,858**	**298,525**	**338,892**	**403,924**	**423,143**	**380,836**
Luton UA	**184,390**	**13,284**	**13,528**	**13,872**	**12,934**	**14,758**	**13,563**	**15,212**	**14,512**	**12,602**
Peterborough UA	**156,060**	**10,240**	**10,922**	**11,002**	**9,990**	**9,640**	**11,405**	**12,692**	**12,113**	**10,799**
Southend-on-Sea UA	**160,256**	**9,736**	**10,279**	**10,174**	**8,978**	**8,231**	**10,074**	**11,785**	**12,368**	**10,863**
Thurrock UA	**143,042**	**10,011**	**9,615**	**9,949**	**8,388**	**8,845**	**11,093**	**12,382**	**11,769**	**9,803**
Bedfordshire	**381,571**	**24,182**	**25,579**	**26,034**	**23,483**	**20,101**	**24,380**	**30,070**	**32,359**	**28,985**
Bedford	147,913	9,308	9,657	9,735	9,498	9,207	10,465	11,444	11,463	10,401
Mid Bedfordshire	121,031	7,945	8,262	8,075	6,988	5,756	7,196	10,013	11,044	9,688
South Bedfordshire	112,627	6,929	7,660	8,224	6,997	5,138	6,719	8,613	9,852	8,896
Cambridgeshire	**552,655**	**32,177**	**34,205**	**34,348**	**34,359**	**37,589**	**37,352**	**42,740**	**43,925**	**39,549**
Cambridge	108,879	5,120	4,807	5,083	8,802	16,888	10,865	8,951	7,526	6,139
East Cambridgeshire	73,216	4,368	4,606	4,734	4,055	3,425	4,445	5,620	6,056	5,319
Fenland	83,523	4,832	5,359	5,214	4,504	3,911	4,664	5,973	6,241	5,629
Huntingdonshire	156,950	10,185	11,053	10,739	9,159	7,375	9,740	12,566	13,347	12,383
South Cambridgeshire	130,087	7,672	8,380	8,578	7,839	5,990	7,638	9,630	10,755	10,079
Essex	**1,310,922**	**77,254**	**83,425**	**85,187**	**75,770**	**69,640**	**78,871**	**96,810**	**101,608**	**91,641**
Basildon	165,661	10,737	11,207	11,265	9,827	9,804	11,349	13,090	13,221	11,700
Braintree	132,171	8,389	8,851	8,877	7,320	6,632	8,132	10,475	10,881	9,394
Brentwood	68,426	3,662	4,142	4,420	3,789	3,075	3,762	4,717	5,433	4,969
Castle Point	86,614	4,513	5,375	5,622	5,260	4,374	4,570	5,725	6,192	5,813
Chelmsford	157,053	8,858	10,005	10,464	9,679	8,983	10,333	11,903	12,755	11,560
Colchester	155,794	9,441	9,823	9,832	9,801	11,046	11,021	12,311	11,838	10,433
Epping Forest	120,888	7,324	7,388	7,669	6,405	5,896	7,202	9,383	9,692	8,532
Harlow	78,899	5,362	5,214	5,385	4,874	4,836	5,851	6,733	6,593	5,756
Maldon	59,433	3,543	3,929	3,975	3,333	2,691	2,986	4,200	4,599	4,457
Rochford	78,488	4,471	5,078	5,025	4,418	3,612	4,241	5,542	6,088	5,479
Tendring	138,555	6,855	7,815	8,111	6,889	5,721	6,052	7,991	8,724	8,042
Uttlesford	68,940	4,099	4,598	4,542	4,175	2,970	3,372	4,740	5,592	5,506
Hertfordshire	**1,033,977**	**64,979**	**68,667**	**68,234**	**59,717**	**55,154**	**68,079**	**82,211**	**88,234**	**78,355**
Broxbourne	87,056	5,393	5,838	5,810	4,854	5,024	5,935	7,103	7,035	6,219
Dacorum	137,807	8,689	9,061	9,405	8,108	6,823	8,507	10,496	11,833	11,108
East Hertfordshire	128,922	8,135	8,672	8,491	7,234	6,415	8,583	10,721	11,395	9,973
Hertsmere	94,457	5,820	6,255	6,342	5,428	4,938	5,808	6,979	8,004	7,084
North Hertfordshire	116,911	7,231	7,825	7,544	6,700	5,286	7,366	9,194	10,067	8,673
St. Albans	128,982	8,598	8,392	8,011	6,959	6,056	8,538	10,736	11,259	9,950
Stevenage	79,724	5,192	5,699	5,894	5,284	4,263	5,616	6,792	7,174	6,107
Three Rivers	82,843	5,130	5,311	5,606	4,659	3,872	4,831	5,954	6,724	6,325
Watford	79,729	5,117	5,305	5,053	4,380	5,004	7,206	7,528	7,093	5,783
Welwyn Hatfield	97,546	5,674	6,309	6,078	6,111	7,473	5,689	6,708	7,650	7,133
Norfolk	**796,733**	**41,289**	**45,822**	**47,989**	**45,426**	**41,028**	**45,145**	**53,309**	**56,573**	**52,453**
Breckland	121,422	6,838	7,446	7,760	6,716	5,766	6,943	8,112	8,828	7,896
Broadland	118,497	6,167	6,930	7,012	6,320	4,780	6,204	8,455	9,112	8,401
Great Yarmouth	90,813	4,823	5,479	5,855	5,368	4,369	4,980	5,983	6,329	5,875
King's Lynn and West Norfolk	135,341	6,919	7,846	8,147	7,396	5,996	7,125	8,726	9,611	8,925
North Norfolk	98,399	4,315	5,034	5,456	5,211	3,831	4,205	5,315	6,051	6,167

45 – 49	50 —54	55 – 59	60 – 64	65 – 69	70 – 74	75 – 79	80 – 84	85 – 89	90 and over	Area
l	*m*	*n*	*o*	*p*	*q*	*r*	*s*	*t*	*u*	*a*
150,737	156,467	136,313	123,085	111,420	102,218	84,635	57,234	30,589	13,821	**West Midlands (Met County)**
54,933	54,046	45,606	42,270	38,295	35,582	30,141	20,873	11,713	5,353	Birmingham
17,277	17,266	15,328	13,842	12,247	11,358	10,109	6,999	3,633	1,609	Coventry
19,605	21,775	19,287	16,900	14,912	13,315	10,394	6,964	3,645	1,613	Dudley
16,474	17,055	15,334	14,238	12,967	11,890	9,923	6,935	3,366	1,490	Sandwell
12,882	15,413	13,273	10,266	9,390	8,931	7,156	4,525	2,431	1,150	Solihull
15,423	16,427	14,974	13,830	12,464	10,760	8,387	5,340	2,835	1,236	Walsall
14,143	14,485	12,511	11,739	11,145	10,382	8,525	5,598	2,966	1,370	Wolverhampton
37,240	42,447	35,931	28,561	24,848	21,995	18,776	12,675	7,307	3,523	**Worcestershire**
6,304	6,894	6,159	4,911	4,294	3,805	3,054	2,103	1,235	651	Bromsgrove
4,902	6,024	5,214	4,418	4,017	3,547	3,203	2,203	1,382	693	Malvern Hills
6,008	6,110	4,584	3,175	2,645	2,512	2,018	1,424	718	322	Redditch
5,720	6,114	4,996	4,130	3,784	3,219	2,894	1,951	1,068	473	Worcester
7,986	9,220	7,866	6,324	5,547	5,029	4,221	2,718	1,571	731	Wychavon
6,320	8,085	7,112	5,603	4,561	3,883	3,386	2,276	1,333	653	Wyre Forest
347,763	388,750	319,091	266,537	243,986	221,321	186,535	125,792	73,238	35,680	**EAST OF ENGLAND**
10,521	10,886	8,706	7,883	7,128	5,620	4,260	2,748	1,615	758	**Luton UA**
10,039	10,287	8,006	6,809	6,372	5,679	4,618	3,069	1,609	769	**Peterborough UA**
9,580	10,815	9,146	7,486	7,221	7,156	6,576	4,915	3,174	1,699	**Southend-on-Sea UA**
8,843	10,044	7,687	5,985	5,086	4,855	4,461	2,463	1,205	558	**Thurrock UA**
25,350	27,759	21,892	17,804	15,639	13,537	11,134	7,130	4,227	1,926	**Bedfordshire**
9,452	10,312	8,199	6,794	6,073	5,580	4,601	3,053	1,788	883	Bedford
8,494	8,919	7,154	5,545	4,759	3,988	3,286	2,138	1,234	547	Mid Bedfordshire
7,404	8,528	6,539	5,465	4,807	3,969	3,247	1,939	1,205	496	South Bedfordshire
36,633	39,591	32,415	25,983	22,572	20,432	16,960	11,522	6,888	3,415	**Cambridgeshire**
5,851	5,720	4,793	3,972	3,497	3,372	3,058	2,261	1,465	709	Cambridge
4,979	5,326	4,564	3,704	3,476	3,024	2,480	1,589	986	460	East Cambridgeshire
5,454	6,092	5,159	4,552	4,433	4,152	3,368	2,149	1,200	637	Fenland
10,823	12,100	9,694	7,473	5,858	5,126	4,158	2,823	1,566	782	Huntingdonshire
9,526	10,353	8,205	6,282	5,308	4,758	3,896	2,700	1,671	827	South Cambridgeshire
85,340	98,751	81,029	66,761	60,451	54,906	45,799	31,198	18,002	8,479	**Essex**
10,250	11,750	9,321	7,749	7,241	6,346	5,073	3,267	1,738	726	Basildon
9,069	10,297	8,001	6,096	5,281	4,784	4,157	2,873	1,745	917	Braintree
4,538	5,243	4,354	3,714	3,520	3,212	2,609	1,778	999	490	Brentwood
5,627	7,489	6,240	5,039	4,377	3,712	3,113	2,019	1,065	489	Castle Point
10,591	11,879	9,568	7,493	6,672	5,712	4,630	3,252	1,883	833	Chelmsford
9,743	11,464	8,944	7,151	6,172	5,666	4,761	3,348	2,042	957	Colchester
7,885	9,228	7,822	6,071	5,303	5,213	4,429	2,920	1,710	816	Epping Forest
5,009	4,627	3,717	3,361	3,424	3,320	2,462	1,421	675	279	Harlow
4,109	5,040	4,240	3,226	2,749	2,181	1,733	1,328	747	367	Maldon
5,174	6,203	5,110	4,343	3,967	3,484	2,876	1,849	1,084	444	Rochford
8,272	9,846	9,144	9,031	8,792	8,645	7,928	5,629	3,397	1,671	Tendring
5,073	5,685	4,568	3,487	2,953	2,631	2,028	1,514	917	490	Uttlesford
68,304	71,819	56,790	46,990	43,899	39,198	32,703	21,687	12,714	6,243	**Hertfordshire**
5,579	6,091	5,063	4,303	4,067	3,390	2,537	1,576	857	382	Broxbourne
9,431	9,826	7,594	6,113	5,768	5,360	4,514	2,810	1,621	740	Dacorum
9,007	9,562	7,312	5,821	5,254	4,369	3,547	2,346	1,369	716	East Hertfordshire
6,416	6,732	5,106	4,163	3,779	3,702	3,437	2,424	1,367	673	Hertsmere
7,633	8,376	6,770	5,652	5,085	4,397	3,866	2,680	1,698	868	North Hertfordshire
8,670	9,284	7,331	5,969	5,393	4,874	4,037	2,628	1,511	786	St. Albans
4,780	4,715	3,839	3,319	3,295	2,982	2,333	1,396	721	323	Stevenage
5,755	6,294	4,773	3,926	3,760	3,267	2,796	2,007	1,218	635	Three Rivers
4,807	4,781	3,871	3,249	2,866	2,587	2,177	1,480	936	506	Watford
6,226	6,158	5,131	4,475	4,632	4,270	3,459	2,340	1,416	614	Welwyn Hatfield
50,805	59,632	51,988	45,663	42,986	39,857	33,907	22,882	13,280	6,699	**Norfolk**
7,886	9,069	7,916	6,986	6,389	5,704	4,947	3,349	1,903	968	Breckland
7,913	9,406	7,941	7,015	6,380	5,770	4,602	3,199	1,880	1,010	Broadland
5,774	6,881	6,070	5,187	4,754	4,449	3,752	2,657	1,506	722	Great Yarmouth
8,477	10,054	9,017	8,241	7,931	7,445	6,229	3,927	2,235	1,094	King's Lynn and West Norfolk
6,006	7,803	7,394	6,595	6,741	6,252	5,192	3,546	2,209	1,076	North Norfolk

Table **P5**

Population at Census Day 2001: Local Authority Districts and Other Geographies - *continued*

Persons

Area	All	0 – 4	5 – 9	10 – 14	15 – 19	20 – 24	25 – 29	30 – 34	35 – 39	40 – 44
a	b	c	d	e	f	g	h	i	j	k
Norfolk - *continued*										
Norwich	121,553	6,372	6,599	6,824	8,129	12,053	10,279	9,659	8,646	7,267
South Norfolk	110,708	5,855	6,488	6,935	6,286	4,233	5,409	7,059	7,996	7,922
Suffolk	**668,548**	**38,487**	**41,758**	**44,055**	**38,813**	**33,539**	**38,930**	**46,713**	**49,682**	**45,786**
Babergh	83,462	4,605	4,884	5,669	4,988	3,596	4,183	5,314	6,058	5,827
Forest Heath	55,514	3,753	3,610	3,604	3,057	4,080	4,316	4,696	4,622	3,714
Ipswich	117,074	7,242	7,701	8,127	7,475	7,402	8,580	9,028	8,601	7,730
Mid Suffolk	86,842	5,019	5,483	5,577	4,925	3,941	4,587	5,727	6,742	6,465
St. Edmundsbury	98,179	5,678	5,973	6,175	5,365	5,331	6,272	7,646	7,773	6,633
Suffolk Coastal	115,135	6,123	7,110	7,627	6,556	4,319	5,141	7,084	8,332	8,281
Waveney	112,342	6,067	6,997	7,276	6,447	4,870	5,851	7,218	7,554	7,136
LONDON	**7,172,036**	**478,259**	**451,798**	**435,401**	**416,828**	**531,085**	**692,162**	**695,985**	**633,927**	**510,953**
Inner London	**2,765,975**	**190,122**	**165,366**	**154,596**	**153,072**	**241,858**	**335,203**	**309,671**	**255,632**	**192,267**
Camden	198,027	11,820	10,227	9,218	10,996	18,842	25,981	22,320	17,390	13,433
City of London	7,186	249	207	187	207	526	943	833	632	510
Hackney	202,819	16,761	14,168	14,080	12,602	15,797	20,764	21,472	19,700	14,521
Hammersmith and Fulham	165,243	10,192	8,292	7,380	7,180	14,945	24,453	20,352	14,611	11,017
Haringey	216,510	14,744	13,672	13,634	12,981	18,327	23,250	23,074	21,106	15,573
Islington	175,787	11,110	9,827	9,636	9,202	15,136	21,429	20,503	17,401	12,226
Kensington and Chelsea	158,922	9,952	7,644	6,089	6,387	11,656	17,399	17,830	14,946	11,733
Lambeth	266,170	18,050	15,661	14,592	13,781	22,816	36,356	32,894	26,259	18,490
Lewisham	248,924	17,775	16,501	15,313	14,374	18,746	23,720	26,840	24,669	18,797
Newham	243,737	20,805	19,684	19,299	19,276	20,484	22,696	23,041	19,572	17,123
Southwark	244,867	17,368	15,615	14,043	13,830	21,993	25,899	26,860	24,495	18,004
Tower Hamlets	196,121	15,179	13,361	13,703	13,449	21,010	26,262	20,064	14,904	11,378
Wandsworth	260,383	16,663	13,069	10,949	10,753	24,218	42,020	32,664	23,860	17,255
Westminster	181,279	9,454	7,438	6,473	8,054	17,362	24,031	20,924	16,087	12,207
Outer London	**4,406,061**	**288,137**	**286,432**	**280,805**	**263,756**	**289,227**	**356,959**	**386,314**	**378,295**	**318,686**
Barking and Dagenham	163,944	12,540	12,461	11,112	10,870	10,570	11,947	14,179	13,329	11,074
Barnet	314,561	20,225	20,532	19,292	18,083	21,771	27,184	26,728	25,958	22,294
Bexley	218,307	13,276	14,670	15,086	13,103	11,576	13,684	16,970	18,025	16,116
Brent	263,463	16,295	16,064	16,498	16,662	22,207	26,646	25,273	22,473	19,233
Bromley	295,530	18,678	18,314	18,452	15,683	14,647	18,948	24,094	25,251	21,245
Croydon	330,688	22,610	23,018	22,637	20,503	19,405	24,427	28,205	29,761	25,150
Ealing	300,947	19,235	18,699	18,066	17,868	22,783	30,676	29,680	26,694	21,532
Enfield	273,563	18,108	18,625	17,661	16,913	17,987	20,460	23,327	23,867	20,108
Greenwich	214,540	15,555	14,304	14,082	13,553	15,392	18,449	19,878	17,935	15,384
Harrow	207,389	12,027	12,897	13,881	13,780	13,233	15,769	16,382	17,006	15,019
Havering	224,248	12,432	14,539	14,664	13,474	11,740	13,170	15,798	17,174	16,452
Hillingdon	242,435	16,167	16,355	15,999	14,868	16,057	17,578	20,919	20,779	17,181
Hounslow	212,344	14,244	13,475	13,346	13,421	16,019	19,974	20,587	18,616	14,878
Kingston upon Thames	147,295	9,217	8,583	8,469	8,774	11,766	12,815	12,792	12,862	10,476
Merton	187,908	12,709	11,144	10,732	9,585	12,615	19,066	18,747	17,395	13,197
Redbridge	238,628	15,749	16,155	16,029	14,862	15,856	18,044	19,310	18,833	17,546
Richmond upon Thames	172,327	11,825	9,888	9,081	8,140	9,310	13,276	16,703	17,025	13,299
Sutton	179,667	11,648	12,106	11,699	10,266	9,928	13,787	15,416	15,859	13,188
Waltham Forest	218,277	15,597	14,603	14,019	13,348	16,365	21,059	21,326	19,453	15,314
SOUTH EAST	**8,000,550**	**472,506**	**505,934**	**516,434**	**484,052**	**461,874**	**500,033**	**594,120**	**637,577**	**576,147**
Bracknell Forest UA	**109,606**	**7,698**	**7,581**	**7,589**	**6,830**	**6,266**	**8,323**	**10,274**	**10,447**	**8,921**
Brighton and Hove UA	**247,820**	**13,098**	**12,902**	**12,834**	**13,994**	**20,372**	**21,832**	**22,820**	**21,361**	**16,653**
Isle of Wight UA	**132,719**	**6,437**	**7,604**	**8,459**	**7,417**	**5,564**	**6,155**	**8,084**	**8,746**	**8,448**
Medway UA	**249,502**	**16,197**	**17,933**	**18,430**	**16,758**	**15,003**	**16,530**	**19,818**	**20,789**	**18,088**
Milton Keynes UA	**207,063**	**14,359**	**15,103**	**14,979**	**13,782**	**12,552**	**15,509**	**17,707**	**17,548**	**16,405**
Portsmouth UA	**186,704**	**11,018**	**11,054**	**11,798**	**12,767**	**16,701**	**14,071**	**15,290**	**14,929**	**12,445**
Reading UA	**143,124**	**8,891**	**8,555**	**8,310**	**9,059**	**14,101**	**14,638**	**13,249**	**11,486**	**9,283**
Slough UA	**119,070**	**8,208**	**8,352**	**8,368**	**7,611**	**8,724**	**11,314**	**11,018**	**9,962**	**8,636**
Southampton UA	**217,478**	**12,052**	**12,882**	**12,475**	**15,901**	**27,267**	**17,633**	**15,846**	**15,137**	**13,296**
West Berkshire UA	**144,445**	**8,795**	**9,513**	**9,768**	**9,148**	**7,053**	**9,330**	**11,583**	**12,287**	**11,354**
Windsor and Maidenhead UA	**133,606**	**8,195**	**7,965**	**8,563**	**7,812**	**6,759**	**8,910**	**10,419**	**11,025**	**9,939**
Wokingham UA	**150,257**	**9,132**	**10,034**	**10,358**	**9,567**	**8,472**	**9,746**	**11,592**	**13,095**	**12,176**

				Age in years							
45 – 49	50 —54	55 – 59	60 – 64	65 – 69	70 – 74	75 – 79	80 – 84	85 – 89	90 and over		Area
l	m	n	o	p	q	r	s	t	u		a
										Norfolk - *continued*	
7,167	7,284	5,746	5,093	4,884	4,949	4,645	3,206	1,791	960	Norwich	
7,582	9,135	7,904	6,546	5,907	5,288	4,540	2,998	1,756	869	South Norfolk	
42,348	**49,166**	**41,432**	**35,173**	**32,632**	**30,081**	**26,117**	**18,178**	**10,524**	**5,134**	**Suffolk**	
5,676	6,825	5,879	4,627	4,188	3,829	3,264	2,218	1,211	621	Babergh	
3,002	3,487	2,875	2,427	2,231	2,016	1,802	1,215	713	294	Forest Heath	
7,076	7,375	5,908	5,168	5,076	4,856	4,204	2,946	1,717	862	Ipswich	
5,954	6,815	5,651	4,712	4,217	3,785	3,194	2,165	1,248	635	Mid Suffolk	
6,207	7,436	6,371	5,371	4,392	3,895	3,313	2,412	1,302	634	St. Edmundsbury	
7,637	8,958	7,517	6,480	6,290	5,882	4,990	3,573	2,158	1,077	Suffolk Coastal	
6,796	8,270	7,231	6,388	6,238	5,818	5,350	3,649	2,175	1,011	Waveney	
417,501	**410,784**	**322,992**	**282,833**	**247,836**	**220,204**	**185,292**	**125,229**	**75,865**	**37,102**	**LONDON**	
145,146	**135,891**	**106,009**	**97,050**	**81,661**	**71,670**	**58,569**	**38,792**	**22,463**	**10,937**	**Inner London**	
10,416	10,796	8,520	6,852	5,812	5,404	4,472	2,841	1,779	908	Camden	
480	669	477	304	276	238	187	137	95	29	City of London	
10,966	9,366	7,058	6,629	5,497	4,910	3,852	2,460	1,440	776	Hackney	
8,652	8,374	6,323	6,130	4,845	4,264	3,688	2,441	1,452	652	Hammersmith and Fulham	
11,864	10,843	8,455	7,812	6,796	5,166	4,047	2,663	1,655	848	Haringey	
9,278	8,784	7,120	6,150	5,333	4,750	3,793	2,272	1,251	586	Islington	
9,383	10,796	8,658	7,027	5,235	4,930	3,849	2,896	1,632	880	Kensington and Chelsea	
13,799	11,532	8,845	8,478	7,144	6,335	5,092	3,327	1,851	868	Lambeth	
13,934	12,435	9,651	8,808	7,481	6,691	5,639	4,005	2,378	1,167	Lewisham	
12,800	10,958	8,111	8,086	6,648	5,373	4,325	3,096	1,611	749	Newham	
13,241	11,197	8,647	8,321	7,265	6,369	5,557	3,386	1,911	866	Southwark	
8,893	7,300	5,893	6,366	5,460	5,120	3,883	2,255	1,160	481	Tower Hamlets	
11,842	11,881	9,307	8,745	7,483	6,424	5,648	3,954	2,388	1,260	Wandsworth	
9,598	10,960	8,944	7,342	6,386	5,696	4,537	3,059	1,860	867	Westminster	
272,355	**274,893**	**216,983**	**185,783**	**166,175**	**148,534**	**126,723**	**86,437**	**53,402**	**26,165**	**Outer London**	
9,041	9,362	7,178	6,163	5,903	6,215	5,771	3,375	1,986	868	Barking and Dagenham	
19,251	19,712	15,275	12,762	11,728	11,069	9,187	6,444	4,609	2,457	Barnet	
13,733	14,924	12,165	10,473	9,578	8,701	7,339	4,818	2,827	1,243	Bexley	
15,290	13,686	11,703	11,196	9,996	7,669	5,472	3,689	2,286	1,125	Brent	
18,578	21,153	16,777	13,900	13,100	12,408	10,405	7,448	4,255	2,194	Bromley	
20,951	20,675	16,978	13,758	12,213	10,320	8,780	5,896	3,550	1,851	Croydon	
18,744	17,050	13,055	12,188	10,090	8,169	7,520	4,668	2,859	1,371	Ealing	
16,527	16,651	13,529	12,095	10,373	9,284	7,459	5,275	3,509	1,805	Enfield	
12,370	12,059	9,404	8,401	7,078	6,732	6,043	4,377	2,442	1,102	Greenwich	
13,657	13,446	10,928	9,435	8,267	7,049	6,066	4,112	2,959	1,476	Harrow	
14,579	16,407	12,995	11,151	10,770	10,425	8,927	5,341	2,907	1,303	Havering	
15,101	15,140	11,952	10,568	9,587	8,329	6,932	4,706	2,903	1,314	Hillingdon	
13,136	12,414	9,416	8,445	7,211	5,950	4,991	3,320	1,962	939	Hounslow	
9,423	9,780	7,144	5,507	4,853	4,486	4,189	3,178	1,989	992	Kingston upon Thames	
11,622	11,301	8,271	7,236	6,509	5,916	5,087	3,547	2,146	1,083	Merton	
15,132	15,482	12,262	9,867	9,081	8,061	6,880	5,083	2,964	1,432	Redbridge	
11,664	12,383	9,306	6,751	5,856	5,448	5,060	3,723	2,416	1,173	Richmond upon Thames	
11,173	11,770	9,184	7,513	6,882	6,324	5,452	3,779	2,461	1,232	Sutton	
12,383	11,498	9,461	8,374	7,100	5,979	5,163	3,658	2,372	1,205	Waltham Forest	
518,847	**570,255**	**468,146**	**386,000**	**350,290**	**318,221**	**272,357**	**191,939**	**115,826**	**59,992**	**SOUTH EAST**	
7,320	7,118	5,280	4,100	3,524	2,911	2,483	1,594	908	439	**Bracknell Forest UA**	
14,522	14,673	11,691	10,619	9,785	9,235	8,618	6,314	4,216	2,281	**Brighton and Hove UA**	
8,399	10,133	9,619	7,951	7,441	7,085	6,445	4,524	2,750	1,458	**Isle of Wight UA**	
16,067	17,492	13,703	11,165	9,421	7,947	6,376	4,458	2,254	1,073	**Medway UA**	
15,078	14,892	10,256	7,588	6,043	5,351	4,547	2,986	1,605	773	**Milton Keynes UA**	
10,562	10,575	9,113	7,708	7,128	6,627	6,241	4,779	2,640	1,258	**Portsmouth UA**	
7,799	7,951	6,356	5,459	4,765	4,469	3,748	2,568	1,685	752	**Reading UA**	
7,274	6,554	4,959	4,193	3,923	3,743	2,925	1,865	1,000	441	**Slough UA**	
11,907	12,317	10,591	8,544	7,867	7,690	7,070	5,051	2,727	1,225	**Southampton UA**	
10,125	10,989	8,746	6,596	5,597	4,756	3,847	2,657	1,518	783	**West Berkshire UA**	
8,847	9,989	8,022	6,630	5,803	5,137	4,232	2,764	1,731	864	**Windsor and Maidenhead UA**	
10,574	11,563	9,052	6,973	5,853	4,457	3,271	2,288	1,342	712	**Wokingham UA**	

Table **P5**

Population at Census Day 2001: Local Authority Districts and Other Geographies - *continued*

Persons

Area	All	0 – 4	5 – 9	10 – 14	15 – 19	20 – 24	25 – 29	30 – 34	35 – 39	40 – 44
a	b	c	d	e	f	g	h	i	j	k
Buckinghamshire	**479,028**	**30,456**	**31,564**	**31,913**	**29,038**	**24,935**	**29,022**	**34,836**	**38,521**	**37,207**
Aylesbury Vale	165,749	10,957	11,125	11,139	10,747	8,523	10,592	13,338	14,296	13,294
Chiltern	89,226	5,403	5,849	5,917	4,993	3,964	4,243	5,161	6,814	7,123
South Bucks	61,945	3,502	4,035	4,099	3,318	2,586	3,066	3,919	4,708	4,924
Wycombe	162,108	10,594	10,555	10,758	9,980	9,862	11,121	12,418	12,703	11,866
East Sussex	**492,324**	**26,508**	**29,481**	**31,073**	**27,412**	**20,489**	**22,608**	**29,654**	**34,304**	**33,270**
Eastbourne	89,667	4,755	5,004	5,328	4,920	4,822	5,049	5,717	6,116	5,650
Hastings	85,027	5,386	5,690	5,816	5,095	4,207	4,968	6,077	6,207	5,860
Lewes	92,187	4,861	5,506	5,846	5,254	3,648	3,984	5,382	6,542	6,344
Rother	85,422	3,965	4,677	4,942	4,339	2,936	2,991	4,164	5,254	5,231
Wealden	140,021	7,541	8,604	9,141	7,804	4,876	5,616	8,314	10,185	10,185
Hampshire	**1,240,032**	**72,188**	**79,451**	**82,333**	**74,950**	**62,487**	**72,683**	**89,252**	**99,863**	**93,184**
Basingstoke and Deane	152,583	9,990	10,306	10,086	8,749	8,087	10,661	12,564	13,500	11,916
East Hampshire	109,276	6,299	7,078	7,461	6,988	5,023	5,419	7,269	8,722	8,759
Eastleigh	116,177	6,955	7,877	8,120	7,058	5,836	7,183	8,595	9,595	9,028
Fareham	107,969	5,879	6,578	7,320	6,422	4,653	5,457	7,597	8,733	8,416
Gosport	76,414	4,691	4,952	5,073	5,117	4,626	5,259	5,819	6,103	5,558
Hart	83,502	5,066	5,415	5,485	5,129	4,218	5,217	6,295	7,191	6,647
Havant	116,857	6,400	7,133	8,148	7,485	5,370	5,765	7,573	8,517	8,458
New Forest	169,329	8,370	9,892	10,641	8,906	6,623	7,656	10,166	11,942	11,665
Rushmoor	90,952	6,337	6,374	5,747	5,520	6,494	8,117	8,346	8,306	6,412
Test Valley	109,760	6,459	7,563	7,648	6,227	5,057	6,070	8,048	9,249	8,425
Winchester	107,213	5,742	6,283	6,604	7,349	6,500	5,879	6,980	8,005	7,900
Kent	**1,329,653**	**78,229**	**87,049**	**89,037**	**81,348**	**69,651**	**75,963**	**93,581**	**102,041**	**91,930**
Ashford	102,661	6,444	7,025	6,905	5,970	4,976	5,845	7,770	8,199	7,205
Canterbury	135,287	6,885	7,695	8,600	9,909	11,188	7,500	8,366	8,806	8,294
Dartford	85,911	5,568	5,960	5,663	4,947	4,996	6,174	7,370	7,382	5,985
Dover	104,490	5,793	6,715	7,073	6,493	5,138	5,327	6,692	7,698	7,206
Gravesham	95,703	5,932	6,655	6,735	6,017	4,899	5,924	7,158	7,632	6,790
Maidstone	138,959	7,990	8,748	8,865	8,240	7,343	8,643	10,174	10,976	9,964
Sevenoaks	109,297	6,377	7,181	7,263	6,330	4,562	5,321	7,116	8,684	8,102
Shepway	96,241	5,325	6,113	6,263	5,301	4,594	5,131	6,438	6,919	6,435
Swale	122,802	7,749	8,484	8,629	7,690	6,469	7,441	9,063	9,774	8,346
Thanet	126,712	7,098	8,075	8,657	7,721	5,986	6,350	7,823	8,506	7,928
Tonbridge and Malling	107,560	6,728	7,561	7,446	6,494	4,571	5,991	8,036	9,163	8,070
Tunbridge Wells	104,030	6,340	6,837	6,938	6,236	4,929	6,316	7,575	8,302	7,605
Oxfordshire	**605,492**	**35,828**	**37,543**	**37,703**	**38,822**	**43,627**	**41,468**	**48,325**	**50,029**	**43,677**
Cherwell	131,792	8,801	8,759	8,517	7,605	6,944	9,426	11,514	11,996	9,874
Oxford	134,248	6,580	6,612	6,925	11,288	20,850	12,551	10,684	9,534	7,830
South Oxfordshire	128,177	7,951	8,261	8,189	7,275	5,697	7,485	10,379	10,983	9,830
Vale of White Horse	115,632	6,806	7,561	7,812	7,319	5,735	6,621	8,314	9,398	8,895
West Oxfordshire	95,643	5,690	6,350	6,260	5,335	4,401	5,385	7,434	8,118	7,248
Surrey	**1,059,015**	**62,849**	**65,602**	**65,256**	**59,812**	**56,394**	**64,191**	**79,707**	**88,532**	**78,859**
Elmbridge	121,911	8,046	8,275	7,474	6,229	5,027	6,803	9,232	10,921	9,559
Epsom and Ewell	67,075	3,978	4,009	4,064	3,914	3,291	3,855	4,961	5,386	4,899
Guildford	129,717	7,067	7,412	7,527	8,281	9,950	9,536	9,814	10,332	9,225
Mole Valley	80,294	4,589	4,819	4,929	4,171	3,312	3,987	5,151	6,292	5,940
Reigate and Banstead	126,519	7,772	7,811	8,078	6,558	6,385	8,061	9,934	10,713	9,437
Runnymede	78,027	4,278	4,537	4,164	4,823	6,367	5,117	6,088	6,425	5,487
Spelthorne	90,414	5,169	5,595	5,337	4,547	4,646	5,933	7,506	7,905	6,605
Surrey Heath	80,309	4,924	5,300	5,239	4,671	3,693	4,665	6,256	7,268	6,341
Tandridge	79,274	4,773	4,912	5,408	4,462	3,386	3,913	5,481	6,428	6,168
Waverley	115,639	6,582	6,895	7,351	7,145	5,645	5,939	7,713	9,007	8,463
Woking	89,836	5,671	6,037	5,685	5,011	4,692	6,382	7,571	7,855	6,735
West Sussex	**753,612**	**42,368**	**45,766**	**47,188**	**42,024**	**35,457**	**40,107**	**51,065**	**57,475**	**52,376**
Adur	59,625	3,238	3,608	3,760	3,411	2,562	3,000	3,818	4,358	3,865
Arun	140,787	6,953	7,618	8,040	6,928	6,108	6,548	8,300	9,684	8,711
Chichester	106,445	5,298	6,044	6,384	5,989	5,083	4,826	5,904	7,183	7,026
Crawley	99,754	6,763	6,817	6,438	5,984	6,493	7,625	8,736	8,244	7,300
Horsham	122,078	7,250	8,053	8,308	7,021	4,994	6,028	8,439	10,283	9,509
Mid Sussex	127,383	7,541	7,936	8,496	7,797	5,552	6,548	8,921	10,255	9,485
Worthing	97,540	5,325	5,690	5,762	4,894	4,665	5,532	6,947	7,468	6,480

					Age in years							
45 – 49	50 —54	55 – 59	60 – 64	65 – 69	70 – 74	75 – 79	80 – 84	85 – 89	90 and over		Area	
l	m	n	o	p	q	r	s	t	u		a	
33,078	35,815	29,478	23,491	20,772	16,959	13,853	9,210	5,789	3,091		**Buckinghamshire**	
11,411	12,208	9,569	7,259	6,472	5,072	4,401	2,774	1,657	915		Aylesbury Vale	
6,408	7,255	6,167	4,902	4,507	3,680	2,935	2,013	1,206	686		Chiltern	
4,387	4,825	4,142	3,587	3,115	2,676	2,147	1,458	949	502		South Bucks	
10,872	11,527	9,600	7,743	6,678	5,531	4,370	2,965	1,977	988		Wycombe	
30,896	36,061	31,158	27,159	26,723	26,125	23,605	18,108	11,320	6,370		**East Sussex**	
5,019	5,708	4,841	4,573	4,660	5,050	4,747	3,750	2,468	1,490		Eastbourne	
5,527	6,006	4,880	3,993	3,820	3,487	3,104	2,496	1,522	886		Hastings	
6,057	6,861	5,971	5,122	5,064	5,008	4,391	3,297	2,015	1,034		Lewes	
4,972	6,436	5,686	5,443	5,588	5,554	5,344	3,982	2,431	1,487		Rother	
9,321	11,050	9,780	8,028	7,591	7,026	6,019	4,583	2,884	1,473		Wealden	
82,657	92,197	75,884	61,764	55,658	50,161	41,412	28,562	16,764	8,582		**Hampshire**	
10,362	11,541	8,968	6,867	5,708	4,846	3,800	2,503	1,427	702		Basingstoke and Deane	
7,657	8,620	7,065	5,591	4,782	4,216	3,474	2,493	1,524	836		East Hampshire	
8,126	8,494	6,661	5,466	4,697	4,369	3,650	2,419	1,393	655		Eastleigh	
7,179	8,158	6,998	5,779	5,455	4,723	3,839	2,531	1,467	785		Fareham	
4,461	4,981	3,989	3,403	3,430	3,096	2,531	1,760	1,036	529		Gosport	
5,877	6,655	5,458	4,214	3,264	2,595	2,089	1,395	821	471		Hart	
7,682	8,389	7,334	6,491	6,308	5,878	4,537	2,919	1,676	794		Havant	
11,221	12,849	11,340	9,771	9,541	9,291	8,315	5,971	3,494	1,675		New Forest	
5,459	5,697	4,186	3,413	2,980	2,614	2,190	1,466	877	417		Rushmoor	
7,402	8,544	7,161	5,424	4,641	4,057	3,294	2,376	1,358	757		Test Valley	
7,231	8,269	6,724	5,345	4,852	4,476	3,693	2,729	1,691	961		Winchester	
84,721	97,975	81,412	68,666	61,740	56,085	47,701	33,368	19,308	9,848		**Kent**	
6,619	7,617	6,357	5,111	4,639	4,037	3,506	2,465	1,369	602		Ashford	
7,939	9,165	8,031	6,903	6,199	6,213	5,671	4,127	2,519	1,277		Canterbury	
5,228	5,665	4,540	4,023	3,602	3,248	2,546	1,615	917	482		Dartford	
6,734	7,734	6,617	5,621	5,265	4,725	4,128	3,018	1,663	850		Dover	
5,993	6,783	5,686	4,850	4,418	3,822	2,890	1,955	1,065	499		Gravesham	
9,451	10,978	8,826	7,221	6,085	5,284	4,445	3,074	1,772	880		Maidstone	
7,682	8,847	7,138	5,893	5,365	4,740	3,743	2,594	1,540	819		Sevenoaks	
5,944	7,050	6,022	5,398	4,792	4,600	4,200	2,951	1,827	938		Shepway	
7,795	9,244	7,547	6,178	5,263	4,734	3,777	2,557	1,395	667		Swale	
7,495	8,907	7,780	6,818	6,497	6,599	6,237	4,371	2,521	1,343		Thanet	
7,018	8,082	6,687	5,506	5,047	4,053	3,166	2,156	1,201	584		Tonbridge and Malling	
6,823	7,903	6,181	5,144	4,568	4,030	3,392	2,485	1,519	907		Tunbridge Wells	
38,490	41,214	33,417	27,449	24,069	21,622	18,329	12,601	7,532	3,747		**Oxfordshire**	
8,606	9,186	7,054	5,782	4,952	4,477	3,647	2,514	1,466	672		Cherwell	
6,899	6,830	5,421	4,780	4,417	4,218	3,813	2,559	1,670	787		Oxford	
8,679	9,398	8,035	6,439	5,537	4,696	4,019	2,768	1,671	885		South Oxfordshire	
7,949	8,655	7,040	5,702	5,052	4,393	3,658	2,601	1,400	721		Vale of White Horse	
6,357	7,145	5,867	4,746	4,111	3,838	3,192	2,159	1,325	682		West Oxfordshire	
71,497	78,724	64,035	51,392	46,577	41,445	35,361	24,886	15,741	8,155		**Surrey**	
8,519	9,075	7,142	5,653	5,075	4,659	4,245	2,996	1,910	1,071		Elmbridge	
4,610	5,343	4,153	3,327	2,904	2,685	2,342	1,673	1,120	561		Epsom and Ewell	
8,397	9,221	7,303	5,986	5,344	4,928	3,961	2,808	1,765	860		Guildford	
5,633	6,255	5,529	4,429	4,176	3,600	3,159	2,164	1,396	763		Mole Valley	
8,406	9,660	7,287	5,824	5,285	4,951	4,237	3,135	1,918	1,067		Reigate and Banstead	
4,846	5,239	4,475	3,606	3,384	3,064	2,671	1,802	1,135	519		Runnymede	
5,729	6,250	5,375	4,753	4,320	3,897	3,177	1,997	1,153	520		Spelthorne	
5,681	6,197	5,079	4,027	3,551	2,692	2,044	1,385	847	449		Surrey Heath	
5,747	6,171	5,168	3,951	3,539	3,267	2,682	1,979	1,219	620		Tandridge	
7,869	9,103	7,631	5,903	5,354	4,554	4,101	3,152	2,139	1,093		Waverley	
6,060	6,210	4,893	3,933	3,645	3,148	2,742	1,795	1,139	632		Woking	
49,034	54,023	45,374	38,553	37,601	36,416	32,293	23,356	14,996	8,140		**West Sussex**	
3,647	4,285	3,875	3,301	3,117	3,155	2,775	1,982	1,229	639		Adur	
8,338	9,776	8,953	8,300	8,362	8,524	7,804	5,934	3,864	2,042		Arun	
6,840	7,949	7,127	6,288	6,232	5,932	5,156	3,663	2,285	1,236		Chichester	
6,626	6,108	4,293	3,668	4,172	3,868	3,211	2,066	969	373		Crawley	
8,727	9,476	7,507	6,018	5,508	4,926	4,269	2,915	1,829	1,018		Horsham	
9,202	9,995	8,268	6,243	5,602	5,160	4,255	3,009	2,008	1,110		Mid Sussex	
5,654	6,434	5,351	4,735	4,608	4,851	4,823	3,787	2,812	1,722		Worthing	

Table **P5**

Population at Census Day 2001: Local Authority Districts and Other Geographies - *continued*

Persons

Area	All	0 – 4	5 – 9	10 – 14	15 – 19	20 – 24	25 – 29	30 – 34	35 – 39	40 – 44
a	b	c	d	e	f	g	h	i	j	k
SOUTH WEST	4,928,458	270,000	294,072	313,762	293,431	264,169	282,310	343,899	367,715	337,562
Bath and North East Somerset UA	169,045	9,001	9,518	10,323	11,043	11,806	10,166	11,839	12,503	11,381
Bournemouth UA	163,441	8,183	8,665	8,755	9,216	12,910	11,789	11,837	11,488	10,221
Bristol, City of UA	380,615	23,453	21,681	22,871	25,293	34,798	32,001	30,683	29,646	25,087
North Somerset UA	188,556	10,483	11,109	11,918	10,679	7,883	9,321	12,660	14,229	12,911
Plymouth UA	240,718	13,221	14,610	16,077	16,674	17,247	14,897	18,355	18,379	16,712
Poole UA	138,299	7,217	8,053	8,776	7,844	6,412	7,916	9,863	10,360	9,511
South Gloucestershire UA	245,644	15,239	16,520	16,312	14,231	12,352	15,571	20,014	21,571	18,019
Swindon UA	180,061	11,383	12,043	12,140	10,332	10,204	13,818	15,598	15,932	13,729
Torbay UA	129,702	6,277	7,310	8,160	7,301	5,700	6,402	8,219	8,819	8,037
Cornwall and Isles of Scilly	501,267	26,168	28,799	31,571	28,736	22,410	25,091	31,109	34,392	33,037
Caradon	79,647	3,873	4,607	5,128	4,912	3,221	3,635	4,756	5,662	5,678
Carrick	87,861	4,334	4,932	5,347	5,079	4,382	4,441	5,303	5,759	5,720
Kerrier	92,536	5,197	5,334	5,892	5,183	4,343	4,861	6,157	6,630	6,097
North Cornwall	80,529	4,264	4,786	5,134	4,546	3,298	3,837	4,792	5,486	5,246
Penwith	62,994	3,190	3,497	3,794	3,526	2,505	2,984	3,679	4,102	4,027
Restormel	95,547	5,190	5,544	6,159	5,407	4,531	5,184	6,275	6,606	6,130
Isles of Scilly*	2,153	120	99	117	83	130	149	147	147	139
Devon	704,499	34,666	40,620	43,653	41,552	35,205	35,277	43,327	48,301	46,830
East Devon	125,525	5,538	6,693	6,987	6,809	5,095	5,424	6,620	7,504	7,543
Exeter	111,078	5,632	6,133	6,141	8,096	11,337	8,429	8,208	8,065	7,003
Mid Devon	69,772	3,858	4,432	4,611	4,164	2,838	3,477	4,529	5,102	4,953
North Devon	87,518	4,476	5,243	5,735	4,822	3,785	4,563	5,292	5,971	5,906
South Hams	81,846	3,865	4,729	5,422	4,704	3,088	3,224	4,740	5,711	5,878
Teignbridge	120,967	6,155	7,034	7,812	6,696	4,754	5,176	7,640	8,714	8,199
Torridge	58,985	2,834	3,512	3,798	3,490	2,428	2,788	3,540	3,846	3,862
West Devon	48,808	2,308	2,844	3,147	2,771	1,880	2,196	2,758	3,388	3,486
Dorset	390,986	18,490	22,055	24,558	22,123	15,145	17,316	22,842	26,451	26,259
Christchurch	44,869	1,894	2,251	2,445	2,084	1,566	1,834	2,525	2,877	2,666
East Dorset	83,788	3,759	4,605	5,002	4,315	2,857	3,078	4,390	5,458	5,635
North Dorset	61,895	3,145	3,749	4,528	4,209	2,824	3,077	3,915	4,338	4,178
Purbeck	44,419	2,099	2,709	2,765	2,458	1,723	1,898	2,633	3,127	3,129
West Dorset	92,350	4,364	5,057	5,755	5,182	3,117	3,934	5,121	6,146	6,110
Weymouth and Portland	63,665	3,229	3,684	4,063	3,875	3,058	3,495	4,258	4,505	4,541
Gloucestershire	564,559	32,458	34,778	37,149	33,132	29,121	32,104	41,162	44,054	40,391
Cheltenham	110,025	5,963	6,000	6,865	7,067	8,307	7,460	8,558	8,571	7,403
Cotswold	80,379	4,391	4,778	4,883	4,206	3,334	3,856	5,200	5,999	5,976
Forest of Dean	79,974	4,571	4,925	5,220	4,892	3,706	4,029	5,442	5,885	5,531
Gloucester	109,888	7,175	7,645	7,811	6,641	5,980	7,126	9,085	9,454	8,071
Stroud	107,899	6,095	6,868	7,306	6,264	4,546	5,365	7,415	8,170	7,842
Tewkesbury	76,394	4,263	4,562	5,064	4,062	3,248	4,268	5,462	5,975	5,568
Somerset	498,093	27,193	29,904	33,216	30,468	22,048	25,490	33,512	36,261	33,717
Mendip	103,865	5,879	6,430	7,450	6,964	4,314	5,182	7,380	7,957	7,244
Sedgemoor	105,867	5,856	6,491	7,079	6,300	4,581	5,084	7,090	7,907	7,262
South Somerset	150,974	8,491	9,124	9,967	8,747	6,715	8,083	10,226	10,901	10,063
Taunton Deane	102,304	5,442	6,108	6,784	6,458	5,027	5,840	7,093	7,402	7,025
West Somerset	35,083	1,525	1,751	1,936	1,999	1,411	1,301	1,723	2,094	2,123
Wiltshire	432,973	26,568	28,407	28,283	24,807	20,928	25,151	32,879	35,329	31,720
Kennet	74,833	4,633	4,857	4,790	4,794	3,876	4,426	5,496	6,148	5,584
North Wiltshire	125,370	8,010	8,783	8,395	6,913	5,778	7,407	9,938	11,129	9,666
Salisbury	114,614	6,660	7,113	7,315	6,457	5,871	6,581	8,469	8,959	8,162
West Wiltshire	118,156	7,265	7,654	7,783	6,643	5,403	6,737	8,976	9,093	8,308

* The Isles of Scilly, which are separately administered by an Isles of Scilly Council, do not form part of the county of Cornwall but are usually associated with the county.

45 – 49	50 —54	55 – 59	60 – 64	65 – 69	70 – 74	75 – 79	80 – 84	85 – 89	90 and over	Area
l	m	n	o	p	q	r	s	t	u	a
316,273	358,304	307,699	260,147	238,839	224,854	197,264	135,384	81,095	41,679	SOUTH WEST
11,065	11,957	9,969	8,313	7,717	7,377	6,657	4,434	2,658	1,318	Bath and North East Somerset UA
9,150	10,350	8,892	7,705	7,553	7,864	7,594	5,455	3,646	2,168	Bournemouth UA
22,100	22,376	18,285	15,660	14,039	13,906	12,762	8,748	4,918	2,308	Bristol, City of UA
12,855	14,865	12,826	10,434	9,264	8,506	7,996	5,468	3,338	1,811	North Somerset UA
14,881	16,028	13,566	11,594	10,519	9,414	8,089	5,685	3,183	1,587	Plymouth UA
8,646	9,913	8,466	7,268	6,943	6,846	6,045	4,290	2,584	1,346	Poole UA
15,949	17,257	15,128	12,157	10,812	8,970	7,132	4,559	2,565	1,286	South Gloucestershire UA
11,468	11,440	9,192	7,947	7,196	6,410	5,438	3,191	1,763	837	Swindon UA
8,236	9,379	8,784	7,718	7,070	6,731	6,058	4,618	3,054	1,829	Torbay UA
32,308	40,933	35,878	30,107	26,903	24,868	21,033	14,791	8,618	4,515	Cornwall and Isles of Scilly
5,536	6,813	5,866	4,643	4,155	3,736	3,161	2,318	1,227	720	Caradon
5,571	6,963	6,137	5,146	4,695	4,540	4,068	2,854	1,693	897	Carrick
5,818	7,328	6,498	5,526	4,901	4,392	3,625	2,560	1,449	745	Kerrier
5,047	6,525	5,841	5,073	4,486	4,169	3,463	2,355	1,449	732	North Cornwall
4,072	5,553	4,727	3,904	3,481	3,260	2,821	2,035	1,202	635	Penwith
6,121	7,563	6,649	5,687	5,080	4,655	3,818	2,611	1,567	770	Restormel
143	188	160	128	105	116	77	58	31	16	Isles of Scilly*
45,753	53,622	47,571	40,672	37,852	35,778	31,315	21,652	13,645	7,208	Devon
7,584	9,118	8,804	8,089	7,824	8,107	7,415	5,166	3,367	1,838	East Devon
6,558	7,012	5,674	4,964	4,553	4,266	3,789	2,669	1,695	854	Exeter
4,698	5,438	4,733	3,953	3,506	3,297	2,636	1,803	1,153	591	Mid Devon
5,745	6,941	6,161	5,227	4,794	4,278	3,676	2,535	1,570	798	North Devon
5,784	6,878	5,940	4,837	4,463	4,158	3,555	2,480	1,572	818	South Hams
7,985	9,289	8,149	6,850	6,706	6,356	5,770	4,014	2,370	1,298	Teignbridge
3,931	4,852	4,348	3,724	3,343	2,983	2,497	1,638	1,027	544	Torridge
3,468	4,094	3,762	3,028	2,663	2,333	1,977	1,347	891	467	West Devon
24,891	29,466	26,786	23,158	23,039	22,448	19,745	13,995	8,230	3,989	Dorset
2,479	3,095	2,971	2,907	3,054	3,174	3,045	2,153	1,246	603	Christchurch
5,476	6,739	6,012	5,215	5,370	5,238	4,689	3,270	1,846	834	East Dorset
3,822	4,517	3,925	3,328	3,150	3,128	2,615	1,830	1,118	499	North Dorset
2,874	3,499	3,230	2,607	2,598	2,421	2,006	1,409	808	426	Purbeck
6,004	6,913	6,404	5,640	5,737	5,509	4,822	3,470	2,034	1,031	West Dorset
4,236	4,703	4,244	3,461	3,130	2,978	2,568	1,863	1,178	596	Weymouth and Portland
37,689	41,219	34,672	28,613	25,629	23,982	21,524	14,303	8,461	4,118	Gloucestershire
6,815	7,035	5,854	5,021	4,600	4,508	4,352	2,935	1,795	916	Cheltenham
5,656	6,383	5,369	4,283	4,140	3,917	3,527	2,398	1,402	681	Cotswold
5,603	6,428	5,377	4,530	3,914	3,356	2,964	1,972	1,095	534	Forest of Dean
6,745	6,951	5,917	4,848	4,363	4,274	3,714	2,247	1,284	557	Gloucester
7,669	8,616	7,061	5,683	4,974	4,601	4,063	2,738	1,727	896	Stroud
5,201	5,806	5,094	4,248	3,638	3,326	2,904	2,013	1,158	534	Tewkesbury
32,708	38,046	31,819	27,031	24,931	24,100	20,884	14,011	8,456	4,298	Somerset
7,171	8,065	6,562	5,341	4,711	4,316	3,914	2,541	1,612	832	Mendip
6,890	8,260	6,912	5,898	5,287	5,196	4,400	2,859	1,686	829	Sedgemoor
9,754	11,408	9,684	8,202	7,580	7,448	6,411	4,321	2,543	1,306	South Somerset
6,639	7,612	6,114	5,134	4,990	4,909	4,202	2,896	1,717	912	Taunton Deane
2,254	2,701	2,547	2,456	2,363	2,231	1,957	1,394	898	419	West Somerset
28,574	31,453	25,865	21,770	19,372	17,654	14,992	10,184	5,976	3,061	Wiltshire
4,957	5,384	4,419	3,698	3,240	2,862	2,414	1,723	1,052	480	Kennet
8,495	9,161	7,356	5,953	5,094	4,614	3,891	2,547	1,465	775	North Wiltshire
7,421	8,122	6,804	5,936	5,535	5,231	4,357	2,931	1,756	934	Salisbury
7,701	8,786	7,286	6,183	5,503	4,947	4,330	2,983	1,703	872	West Wiltshire

Table **P5**

Population at Census Day 2001: Local Authority Districts and Other Geographies - *continued*

Persons

		Age in Years								
Area	All	0 – 4	5 – 9	10 – 14	15 – 19	20 – 24	25 – 29	30 – 34	35 – 39	40 – 44
a	b	c	d	e	f	g	h	i	j	k
WALES	**2,903,085**	**167,897**	**185,326**	**195,977**	**184,711**	**169,494**	**166,348**	**198,298**	**212,174**	**195,486**
Blaenau Gwent	70,058	3,908	4,865	5,158	4,432	3,593	4,094	5,035	5,361	4,547
Bridgend	128,650	7,608	8,075	8,872	7,681	6,495	7,870	9,488	10,058	9,138
Caerphilly	169,521	10,621	11,506	12,172	10,748	9,252	10,933	12,624	12,749	11,458
Cardiff	305,340	19,042	19,908	20,462	22,015	28,241	22,078	23,144	22,967	20,109
Carmarthenshire	173,635	9,467	10,717	11,311	10,625	8,616	8,862	10,744	11,925	11,528
Ceredigion	75,384	3,521	4,202	4,216	5,676	7,055	3,461	4,165	4,607	4,682
Conwy	109,597	5,692	6,244	6,921	6,071	4,827	5,198	6,809	7,419	7,017
Denbighshire	93,092	5,115	5,761	6,200	5,440	4,497	4,846	5,905	6,639	5,872
Flintshire	148,565	8,912	9,584	10,069	9,203	7,855	9,047	11,240	11,913	10,366
Gwynedd	116,838	6,855	7,268	7,128	7,290	7,660	6,577	7,186	7,651	7,246
Isle of Anglesey	66,828	3,612	4,184	4,417	3,882	3,305	3,553	4,141	4,410	4,338
Merthyr Tydfil	55,983	3,255	3,808	4,146	3,818	2,921	3,140	4,010	4,257	3,900
Monmouthshire	84,879	4,538	5,522	5,841	4,945	3,322	4,012	5,409	6,638	6,003
Neath Port Talbot	134,471	7,242	8,362	8,945	8,435	6,752	7,304	8,979	9,985	9,798
Newport	137,017	9,053	9,542	10,188	8,832	7,212	7,686	10,196	10,448	9,501
Pembrokeshire	112,901	6,633	7,471	7,629	6,771	5,103	5,431	6,642	7,700	7,315
Powys	126,344	6,763	7,935	8,272	7,210	4,939	6,110	7,792	9,035	8,406
Rhondda, Cynon, Taff	231,952	13,887	14,980	16,421	15,061	14,370	14,243	16,515	17,157	15,355
Swansea	223,293	12,068	13,118	14,171	14,887	15,473	12,660	14,551	15,744	15,462
Torfaen	90,967	5,254	6,301	6,552	5,794	4,613	5,145	6,254	6,958	6,246
The Vale of Glamorgan	119,293	7,346	8,049	8,558	7,750	5,560	6,165	7,915	8,933	8,510
Wrexham	128,477	7,505	7,924	8,328	8,145	7,833	7,933	9,554	9,620	8,689
SCOTLAND	**5,062,011**	**276,874**	**307,138**	**322,870**	**317,273**	**314,387**	**317,303**	**382,094**	**402,954**	**377,910**
NORTHERN IRELAND	**1,685,267**	**115,238**	**123,050**	**132,664**	**129,201**	**109,385**	**114,704**	**127,517**	**129,639**	**117,335**

					Age in years						
45 – 49	50 —54	55 – 59	60 – 64	65 – 69	70 – 74	75 – 79	80 – 84	85 – 89	90 and over		Area
l	m	n	o	p	q	r	s	t	u		a
184,493	208,337	176,844	152,920	138,461	125,731	109,831	72,373	39,046	19,338	WALES	
4,153	4,958	4,418	3,698	3,303	2,863	2,612	1,734	866	460	Blaenau Gwent	
8,205	9,126	7,850	6,884	6,098	5,279	4,630	3,007	1,555	731	Bridgend	
10,835	12,130	10,087	8,570	7,653	6,449	5,655	3,552	1,719	808	Caerphilly	
17,978	18,308	14,107	12,416	11,769	10,969	10,170	6,503	3,486	1,668	Cardiff	
11,477	12,977	11,715	9,836	9,033	8,417	7,525	4,929	2,679	1,252	Carmarthenshire	
4,802	5,724	4,968	4,338	3,799	3,372	3,112	1,990	1,138	556	Ceredigion	
6,568	7,784	7,048	6,697	6,494	6,110	5,405	3,642	2,281	1,370	Conwy	
5,864	7,006	5,808	5,327	4,702	4,530	4,115	2,846	1,702	917	Denbighshire	
9,528	11,419	9,279	8,001	6,378	5,645	4,518	3,043	1,713	852	Flintshire	
7,119	8,342	7,637	6,676	6,007	5,673	4,703	3,067	1,823	930	Gwynedd	
4,391	5,188	4,746	4,058	3,551	3,204	2,577	1,754	1,014	503	Isle of Anglesey	
3,545	3,946	3,248	2,943	2,608	2,282	2,001	1,265	610	280	Merthyr Tydfil	
5,975	6,800	5,870	4,760	4,289	3,805	3,247	2,136	1,184	583	Monmouthshire	
8,924	9,724	8,163	7,209	6,532	6,256	5,431	3,603	1,902	925	Neath Port Talbot	
8,352	9,281	7,861	6,763	6,157	5,633	4,582	3,340	1,573	817	Newport	
7,289	8,694	7,662	6,881	6,246	5,534	4,484	3,049	1,609	758	Pembrokeshire	
8,583	9,935	8,865	7,293	6,859	6,192	5,570	3,583	1,992	1,010	Powys	
14,397	16,401	13,748	11,685	10,603	9,414	8,429	5,364	2,707	1,215	Rhondda, Cynon, Taff	
13,800	15,805	13,016	11,746	11,077	10,120	8,737	6,015	3,262	1,581	Swansea	
5,985	6,522	5,520	4,528	4,399	3,894	3,452	2,096	988	466	Torfaen	
8,150	8,845	7,328	6,166	5,300	4,960	4,430	2,921	1,581	826	The Vale of Glamorgan	
8,573	9,422	7,900	6,445	5,604	5,130	4,446	2,934	1,662	830	Wrexham	
337,469	351,107	287,999	261,733	239,116	206,917	165,523	104,989	59,241	29,114	SCOTLAND	
102,464	98,426	88,732	73,587	65,341	57,852	46,542	30,289	16,116	7,185	NORTHERN IRELAND	

Table P6

Population at Census Day 2001: Local Authority Districts and Other Geographies

Males

Area		All	0 – 4	5 – 9	10 – 14	15 – 19	20 – 24	25 – 29	30 – 34	35 – 39	40 – 44
						Age in Years					
a		b	c	d	e	f	g	h	i	j	k
UNITED KINGDOM		28,581,233	1,786,036	1,914,865	1,987,690	1,870,622	1,765,417	1,895,543	2,199,874	2,277,799	2,056,630
ENGLAND AND WALES		25,327,290	1,584,463	1,694,688	1,754,093	1,644,089	1,553,388	1,684,803	1,952,713	2,019,751	1,815,022
ENGLAND		23,923,390	1,498,354	1,599,932	1,653,107	1,550,903	1,469,004	1,603,559	1,857,168	1,915,937	1,719,412
NORTH EAST		1,218,602	70,909	80,961	85,484	82,620	74,823	72,134	86,282	95,570	89,869
Darlington UA		46,948	2,811	3,300	3,279	2,967	2,327	2,772	3,425	3,719	3,516
Hartlepool UA		42,575	2,659	3,188	3,268	2,959	2,137	2,339	2,872	3,322	3,226
Middlesbrough UA		64,683	4,198	4,741	5,152	5,220	4,519	3,904	4,242	4,830	4,770
Redcar and Cleveland UA		67,099	3,873	4,742	4,894	4,568	3,403	3,557	4,448	5,018	4,815
Stockton-on-Tees UA		87,121	5,420	6,141	6,579	6,012	4,958	5,275	6,426	6,892	6,746
Durham		239,898	13,392	15,404	16,130	16,592	14,358	13,317	17,449	19,215	17,491
Chester-le-Street		26,081	1,477	1,721	1,666	1,547	1,244	1,517	2,064	2,343	1,954
Derwentside		41,263	2,330	2,690	2,745	2,662	2,070	2,325	3,128	3,325	3,030
Durham		43,186	2,085	2,311	2,437	3,675	4,626	2,510	3,154	3,282	2,988
Easington		45,525	2,691	3,240	3,384	3,062	2,344	2,545	3,218	3,627	3,448
Sedgefield		42,283	2,504	2,885	3,037	2,898	2,060	2,293	3,021	3,374	3,054
Teesdale		12,125	590	677	810	910	639	566	754	931	865
Wear Valley		29,435	1,715	1,880	2,051	1,838	1,375	1,561	2,110	2,333	2,152
Northumberland		149,955	8,063	9,380	10,247	9,481	7,383	7,882	9,749	11,433	11,526
Alnwick		15,051	802	898	944	855	648	701	935	1,207	1,149
Berwick upon Tweed		12,470	601	738	802	732	522	558	726	880	918
Blyth Valley		39,568	2,360	2,686	2,751	2,599	2,238	2,468	2,804	3,041	2,948
Castle Morpeth		24,366	1,170	1,433	1,560	1,576	1,173	1,157	1,349	1,785	1,972
Tynedale		28,636	1,478	1,785	2,033	1,793	1,293	1,285	1,676	2,203	2,322
Wansbeck		29,864	1,652	1,840	2,157	1,926	1,509	1,713	2,259	2,317	2,217
Tyne and Wear (Met County)		520,323	30,493	34,065	35,935	34,821	35,738	33,088	37,671	41,141	37,779
Gateshead		92,417	5,486	5,919	6,257	5,891	5,137	5,468	6,885	7,565	6,803
Newcastle upon Tyne		125,495	7,333	8,004	8,165	8,921	12,355	8,939	9,205	9,726	8,613
North Tyneside		91,715	5,297	5,890	6,313	5,454	4,807	5,442	6,505	7,587	6,887
South Tyneside		74,071	4,370	5,088	5,440	4,887	4,088	4,352	5,166	5,728	5,486
Sunderland		136,625	8,007	9,164	9,760	9,668	9,351	8,887	9,910	10,535	9,990
NORTH WEST		3,259,061	202,733	225,052	238,327	220,902	190,455	202,687	241,159	254,790	232,368
Blackburn with Darwen UA		67,305	5,399	5,711	5,685	5,023	4,014	4,533	5,149	5,021	4,515
Blackpool UA		68,736	4,000	4,266	4,611	4,019	3,320	3,881	5,150	5,172	4,784
Halton UA		57,135	3,599	4,053	4,463	4,200	3,337	3,689	4,087	4,355	4,115
Warrington UA		93,884	5,857	6,505	6,656	5,876	4,990	5,994	7,441	8,296	7,214
Cheshire		328,026	19,402	22,028	22,554	19,622	15,773	19,166	23,573	26,527	24,284
Chester		56,966	3,253	3,583	3,613	3,481	3,066	3,767	4,314	4,395	3,938
Congleton		44,497	2,538	2,837	2,945	2,668	2,341	2,554	3,228	3,677	3,205
Crewe and Nantwich		54,372	3,271	3,942	3,770	3,269	2,758	3,201	3,882	4,379	4,150
Ellesmere Port & Neston		39,828	2,533	2,857	3,045	2,489	1,974	2,273	2,795	3,273	2,984
Macclesfield		72,508	4,123	4,610	4,864	4,057	2,872	3,906	4,951	5,810	5,670
Vale Royal		59,855	3,684	4,199	4,317	3,658	2,762	3,465	4,403	4,993	4,337
Cumbria		237,909	13,058	15,149	15,948	14,528	11,366	13,222	16,566	18,214	17,918
Allerdale		45,562	2,434	2,966	3,008	2,806	2,193	2,452	3,174	3,418	3,350
Barrow-in-Furness		35,090	2,173	2,448	2,594	2,158	1,602	2,048	2,602	2,726	2,582
Carlisle		48,729	2,652	3,127	3,261	3,088	2,600	2,996	3,434	3,792	3,797
Copeland		34,542	1,916	2,285	2,436	2,240	1,714	1,954	2,457	2,838	2,705
Eden		24,496	1,362	1,422	1,516	1,354	1,093	1,294	1,730	1,879	1,876
South Lakeland		49,490	2,521	2,901	3,133	2,882	2,164	2,478	3,169	3,561	3,608
Greater Manchester (Met County)		1,208,241	78,175	85,152	89,057	82,499	77,666	82,042	94,480	96,766	83,877
Bolton		127,099	8,626	9,074	9,119	8,793	7,320	8,721	9,813	9,803	8,595
Bury		87,953	5,590	6,226	6,831	5,889	4,437	5,486	6,700	7,475	6,384
Manchester		191,539	12,551	13,221	13,935	14,473	22,141	16,707	15,390	13,986	11,820
Oldham		105,094	7,824	8,084	8,296	7,339	5,641	6,477	7,922	8,189	7,140
Rochdale		99,650	6,993	7,543	7,933	6,941	5,411	6,311	7,327	7,898	7,037
Salford		106,213	6,602	7,212	7,448	7,498	7,504	7,390	8,161	8,447	7,516
Stockport		137,307	8,393	9,343	9,862	8,506	6,429	7,962	10,865	11,463	9,929
Tameside		103,366	6,454	7,386	7,823	6,874	5,317	6,412	8,498	8,801	7,334
Trafford		102,158	6,173	6,950	7,328	6,496	5,395	6,668	7,797	8,781	7,863
Wigan		147,862	8,969	10,113	10,482	9,690	8,071	9,908	12,007	11,923	10,259

					Age in years						
45 – 49	50 –-54	55 – 59	60 – 64	65 – 69	70 – 74	75 – 79	80 – 84	85 – 89	90 and over		Area
l	*m*	*n*	*o*	*p*	*q*	*r*	*s*	*t*	*u*		*a*
1,851,464	2,003,224	1,651,417	1,409,676	1,241,382	1,059,151	817,711	482,697	226,833	83,202		**UNITED KINGDOM**
1,632,853	1,780,622	1,466,997	1,249,624	1,100,967	944,029	733,092	435,252	205,465	75,379		**ENGLAND AND WALES**
1,541,999	1,677,360	1,379,477	1,174,449	1,034,649	886,793	687,287	408,958	193,860	71,182		**ENGLAND**
83,467	88,725	70,049	63,761	57,786	48,469	36,536	19,853	8,388	2,916		**NORTH EAST**
3,264	3,510	2,795	2,468	2,146	1,858	1,475	805	367	144		**Darlington UA**
2,865	3,064	2,352	2,241	2,169	1,706	1,230	646	233	99		**Hartlepool UA**
4,211	4,235	3,256	3,032	2,776	2,476	1,736	923	356	106		**Middlesbrough UA**
4,530	5,199	4,283	4,000	3,258	2,724	2,026	1,133	470	158		**Redcar and Cleveland UA**
5,965	6,335	4,837	4,270	3,883	3,184	2,250	1,213	551	184		**Stockton-on-Tees UA**
16,661	17,807	14,843	13,183	11,415	9,483	7,307	3,695	1,575	581		**Durham**
1,907	1,979	1,657	1,505	1,268	912	742	360	155	63		Chester-le-Street
2,915	3,107	2,562	2,298	1,984	1,675	1,352	650	313	102		Derwentside
2,801	3,163	2,627	2,190	1,789	1,515	1,089	592	250	102		Durham
3,025	3,027	2,642	2,439	2,335	1,975	1,476	652	274	121		Easington
3,017	3,233	2,598	2,317	1,980	1,665	1,339	676	254	78		Sedgefield
825	1,010	855	743	616	550	408	243	89	44		Teesdale
2,171	2,288	1,902	1,691	1,443	1,191	901	522	240	71		Wear Valley
11,169	12,118	9,977	8,368	7,624	6,236	4,956	2,743	1,212	408		**Northumberland**
1,119	1,211	1,024	913	855	725	554	329	131	51		Alnwick
864	1,017	910	779	787	661	500	281	136	58		Berwick upon Tweed
2,990	3,216	2,512	1,959	1,723	1,314	1,101	549	243	66		Blyth Valley
1,787	2,059	1,658	1,504	1,389	1,135	873	493	221	72		Castle Morpeth
2,243	2,468	1,983	1,577	1,449	1,192	930	557	257	112		Tynedale
2,166	2,147	1,890	1,636	1,421	1,209	998	534	224	49		Wansbeck
34,802	36,457	27,706	26,199	24,515	20,802	15,556	8,695	3,624	1,236		**Tyne and Wear (Met County)**
6,062	6,723	5,213	5,139	4,689	3,956	2,861	1,522	621	220		Gateshead
7,895	8,015	6,040	5,416	5,372	4,467	3,526	2,131	1,027	345		Newcastle upon Tyne
6,679	6,834	5,307	4,697	4,455	3,907	3,044	1,710	662	238		North Tyneside
5,041	5,255	3,904	3,982	3,589	3,148	2,475	1,419	483	170		South Tyneside
9,125	9,630	7,242	6,965	6,410	5,324	3,650	1,913	831	263		Sunderland
212,321	234,878	190,218	167,848	146,322	121,794	92,444	52,585	23,701	8,477		**NORTH WEST**
4,177	4,383	3,322	2,894	2,497	2,043	1,521	920	363	135		**Blackburn with Darwen UA**
4,412	5,007	4,479	4,208	3,502	3,140	2,425	1,438	689	233		**Blackpool UA**
4,038	4,480	3,185	2,741	2,254	2,013	1,352	778	302	94		**Halton UA**
6,380	6,780	5,517	4,835	3,962	3,132	2,351	1,342	574	182		**Warrington UA**
22,690	25,410	21,502	17,881	15,319	13,072	9,797	5,793	2,672	961		**Cheshire**
3,812	4,343	3,643	3,141	2,657	2,357	1,792	1,106	538	167		Chester
3,172	3,592	3,143	2,442	2,067	1,644	1,264	705	360	115		Congleton
3,686	4,016	3,569	2,880	2,453	2,051	1,595	941	416	143		Crewe and Nantwich
2,598	2,799	2,381	2,185	1,923	1,605	1,120	640	257	97		Ellesmere Port & Neston
5,195	5,950	4,857	4,150	3,629	3,174	2,316	1,436	667	271		Macclesfield
4,227	4,710	3,909	3,083	2,590	2,241	1,710	965	434	168		Vale Royal
15,959	18,910	15,623	13,937	12,312	10,230	7,586	4,459	2,083	841		**Cumbria**
3,084	3,728	3,075	2,677	2,381	1,969	1,446	849	405	147		Allerdale
2,224	2,682	2,263	2,039	1,675	1,286	979	647	274	88		Barrow-in-Furness
3,272	3,676	2,912	2,633	2,413	2,050	1,562	872	418	174		Carlisle
2,352	2,685	2,147	1,920	1,710	1,359	992	542	211	79		Copeland
1,703	2,050	1,697	1,500	1,351	1,144	772	444	214	95		Eden
3,324	4,089	3,529	3,168	2,782	2,422	1,835	1,105	561	258		South Lakeland
76,306	83,984	67,177	58,920	50,245	40,636	32,303	18,206	7,963	2,787		**Greater Manchester (Met County)**
8,171	9,084	7,681	6,262	5,143	4,299	3,624	1,834	839	298		Bolton
5,782	6,621	5,221	4,340	3,669	2,944	2,277	1,254	576	251		Bury
10,479	10,139	7,788	7,551	6,828	5,669	4,681	2,574	1,203	403		Manchester
6,768	7,400	5,899	5,456	4,184	3,326	2,718	1,481	706	244		Oldham
6,785	7,242	5,346	4,740	3,838	3,484	2,610	1,390	594	227		Rochdale
6,185	7,073	5,638	5,117	5,051	3,685	2,972	1,800	683	231		Salford
9,466	10,412	8,138	7,318	6,207	5,304	4,033	2,280	1,058	339		Stockport
6,581	7,677	6,065	5,153	4,237	3,430	2,729	1,670	686	239		Tameside
6,780	7,177	5,544	4,935	4,564	3,709	2,986	1,906	809	297		Trafford
9,309	11,159	9,857	8,048	6,524	4,786	3,673	2,017	809	258		Wigan

Table P6

Population at Census Day 2001: Local Authority Districts and Other Geographies - *continued*

Males

Area	All	0 – 4	5 – 9	10 – 14	15 – 19	20 – 24	25 – 29	30 – 34	35 – 39	40 – 44
a	b	c	d	e	f	g	h	i	j	k
Lancashire	**550,556**	**33,745**	**37,313**	**39,839**	**37,314**	**31,164**	**32,636**	**39,422**	**42,059**	**39,102**
Burnley	43,413	2,909	3,332	3,553	3,087	2,248	2,636	3,146	3,212	3,141
Chorley	49,973	2,807	3,194	3,419	3,118	2,693	3,280	3,867	4,098	3,846
Fylde	35,144	1,822	1,954	2,247	1,974	1,636	1,739	2,355	2,603	2,636
Hyndburn	39,802	2,784	3,193	3,012	2,549	2,125	2,509	3,185	3,117	2,677
Lancaster	64,114	3,788	3,921	4,277	5,129	5,201	3,664	4,343	4,627	4,333
Pendle	43,517	3,095	3,062	3,517	3,170	2,379	2,655	3,015	3,170	2,980
Preston	63,123	4,062	4,422	4,416	4,544	4,722	4,646	4,822	4,839	4,453
Ribble Valley	26,390	1,523	1,677	1,905	1,710	1,083	1,293	1,913	2,098	1,927
Rossendale	31,970	2,013	2,421	2,534	2,104	1,552	1,888	2,343	2,667	2,278
South Ribble	50,620	2,909	3,395	3,711	3,184	2,590	3,090	3,719	4,123	3,666
West Lancashire	52,248	3,246	3,618	3,742	3,487	2,825	2,859	3,565	3,930	3,711
Wyre	50,242	2,787	3,124	3,506	3,258	2,110	2,377	3,149	3,575	3,454
Merseyside (Met County)	**647,269**	**39,498**	**44,875**	**49,514**	**47,821**	**38,825**	**37,524**	**45,291**	**48,380**	**46,559**
Knowsley	71,109	4,883	5,434	5,943	5,665	3,819	4,045	5,368	5,576	5,273
Liverpool	209,785	12,813	13,801	15,740	16,826	17,162	13,556	15,471	15,417	14,858
St. Helens	85,724	5,265	6,036	6,232	5,595	4,611	5,338	6,410	6,553	6,062
Sefton	133,485	7,598	9,306	10,144	9,411	6,398	6,755	8,617	10,212	9,828
Wirral	147,166	8,939	10,298	11,455	10,324	6,835	7,830	9,425	10,622	10,538
YORKSHIRE AND THE HUMBER	**2,412,121**	**148,919**	**164,769**	**171,509**	**162,970**	**150,819**	**151,394**	**180,337**	**187,022**	**172,465**
East Riding of Yorkshire UA	**153,081**	**8,080**	**9,678**	**10,451**	**9,887**	**6,982**	**7,869**	**9,857**	**11,658**	**11,337**
Kingston upon Hull, City of UA	**119,138**	**7,798**	**8,644**	**8,816**	**8,329**	**8,895**	**8,056**	**9,195**	**9,273**	**8,203**
North East Lincolnshire UA	**76,694**	**4,883**	**5,597**	**6,094**	**5,291**	**3,629**	**4,507**	**5,506**	**5,884**	**5,427**
North Lincolnshire UA	**74,790**	**4,331**	**5,111**	**5,351**	**4,796**	**3,476**	**4,012**	**5,473**	**5,886**	**5,563**
York UA	**87,168**	**4,777**	**4,915**	**5,365**	**6,019**	**6,966**	**5,988**	**6,778**	**6,876**	**6,058**
North Yorkshire	**277,678**	**15,357**	**17,657**	**19,356**	**18,527**	**13,189**	**14,974**	**18,406**	**20,977**	**20,779**
Craven	25,792	1,349	1,537	1,850	1,655	1,074	1,206	1,574	1,862	1,920
Hambleton	41,481	2,276	2,672	2,844	2,428	1,871	2,077	2,704	3,274	3,189
Harrogate	73,188	4,230	4,809	4,920	5,163	3,430	4,170	5,172	5,889	5,669
Richmondshire	24,267	1,541	1,445	1,549	2,227	1,912	1,748	1,800	1,734	1,612
Ryedale	25,162	1,229	1,525	1,790	1,698	917	1,196	1,502	1,783	1,793
Scarborough	50,364	2,569	3,125	3,558	3,063	2,353	2,500	3,000	3,339	3,477
Selby	37,424	2,163	2,544	2,845	2,293	1,632	2,077	2,654	3,096	3,119
South Yorkshire (Met County)	**617,509**	**37,628**	**41,936**	**42,339**	**40,941**	**39,842**	**39,116**	**47,748**	**48,896**	**43,966**
Barnsley	106,085	6,442	7,365	7,432	6,826	5,219	6,368	8,583	8,451	7,588
Doncaster	140,102	8,563	9,821	10,126	9,466	7,540	8,223	10,006	11,293	10,466
Rotherham	120,694	7,551	8,594	8,804	7,914	6,087	7,112	9,155	9,613	8,961
Sheffield	250,628	15,072	16,156	15,977	16,735	20,996	17,413	20,004	19,539	16,951
West Yorkshire (Met County)	**1,006,063**	**66,065**	**71,231**	**73,737**	**69,180**	**67,840**	**66,872**	**77,374**	**77,572**	**71,132**
Bradford	225,151	16,739	17,571	17,599	16,391	15,506	14,480	16,430	16,720	15,918
Calderdale	93,023	6,224	6,611	6,845	5,909	4,454	5,667	6,974	7,656	6,831
Kirklees	188,843	12,942	13,487	13,770	12,944	11,503	12,227	14,779	14,414	13,609
Leeds	345,834	20,904	23,126	24,525	24,131	28,582	25,024	26,737	26,246	23,607
Wakefield	153,212	9,256	10,436	10,998	9,805	7,795	9,474	12,454	12,536	11,167
EAST MIDLANDS	**2,048,829**	**122,894**	**136,571**	**143,347**	**134,090**	**124,545**	**125,802**	**153,375**	**161,519**	**146,599**
Derby UA	**108,236**	**7,060**	**7,591**	**7,703**	**7,397**	**7,381**	**7,643**	**8,369**	**8,321**	**7,260**
Leicester UA	**134,790**	**9,810**	**9,906**	**9,922**	**10,165**	**12,318**	**10,247**	**10,468**	**9,919**	**9,363**
Nottingham UA	**132,496**	**7,949**	**8,433**	**9,014**	**10,613**	**16,109**	**10,435**	**10,412**	**10,347**	**8,034**
Rutland UA	**17,749**	**951**	**1,001**	**1,244**	**1,484**	**1,069**	**1,060**	**1,297**	**1,354**	**1,195**
Derbyshire	**360,853**	**20,850**	**24,191**	**24,765**	**21,729**	**16,962**	**21,034**	**26,875**	**29,071**	**26,714**
Amber Valley	57,080	3,223	3,780	3,815	3,308	2,624	3,491	4,345	4,621	4,074
Bolsover	35,264	2,105	2,411	2,421	2,101	1,658	2,124	2,726	2,880	2,567
Chesterfield	48,250	2,833	3,283	3,191	2,937	2,402	2,966	3,587	3,870	3,589
Derbyshire Dales	34,265	1,780	2,081	2,267	1,936	1,485	1,663	2,153	2,589	2,605
Erewash	53,860	3,206	3,807	3,777	3,278	2,570	3,472	4,376	4,514	3,857
High Peak	44,166	2,716	3,004	3,297	2,649	1,988	2,346	3,278	3,767	3,492
North East Derbyshire	47,558	2,388	3,067	3,098	2,983	2,369	2,453	3,165	3,504	3,543
South Derbyshire	40,410	2,599	2,758	2,899	2,537	1,866	2,519	3,245	3,326	2,987

45 – 49	50 –54	55 – 59	60 – 64	65 – 69	70 – 74	75 – 79	80 – 84	85 – 89	90 and over	Area
l	m	n	o	p	q	r	s	t	u	a
36,475	40,909	33,641	28,799	25,014	21,229	16,621	9,324	4,336	1,614	**Lancashire**
2,863	3,179	2,421	2,077	1,728	1,499	1,206	720	328	128	Burnley
3,448	4,181	3,451	2,607	2,105	1,559	1,243	637	298	122	Chorley
2,427	2,659	2,383	1,943	1,913	1,862	1,503	920	434	134	Fylde
2,616	2,780	2,276	1,955	1,529	1,363	1,117	612	301	102	Hyndburn
3,926	4,381	3,636	3,168	2,963	2,574	2,094	1,232	602	255	Lancaster
3,278	3,149	2,404	2,072	1,734	1,494	1,187	676	328	152	Pendle
3,842	4,222	3,257	2,868	2,638	2,207	1,655	936	429	143	Preston
1,844	2,137	1,859	1,523	1,357	1,000	802	472	190	77	Ribble Valley
2,189	2,549	1,956	1,584	1,254	1,136	848	401	188	65	Rossendale
3,464	3,979	3,221	2,740	2,260	1,867	1,441	767	370	124	South Ribble
3,411	4,020	3,506	3,117	2,597	1,975	1,386	765	371	117	West Lancashire
3,167	3,673	3,271	3,145	2,936	2,693	2,139	1,186	497	195	Wyre
41,884	45,015	35,772	33,633	31,217	26,299	18,488	10,325	4,719	1,630	**Merseyside (Met County)**
4,580	4,434	3,402	3,620	3,283	2,808	1,723	830	306	117	Knowsley
12,810	13,259	10,053	10,217	9,477	8,068	5,320	3,080	1,387	470	Liverpool
5,578	6,522	5,324	4,675	4,174	3,174	2,341	1,189	479	166	St. Helens
9,001	9,641	7,704	7,294	7,136	5,950	4,372	2,543	1,134	441	Sefton
9,915	11,159	9,289	7,827	7,147	6,299	4,732	2,683	1,413	436	Wirral
156,579	172,111	139,863	121,138	106,254	89,624	70,409	40,503	18,680	6,756	**YORKSHIRE AND THE HUMBER**
10,534	12,583	10,499	9,002	8,104	6,759	5,076	2,845	1,383	497	**East Riding of Yorkshire UA**
7,348	8,055	5,710	5,463	5,024	4,186	3,313	1,766	818	246	**Kingston upon Hull, City of UA**
5,025	5,554	4,376	3,945	3,585	2,971	2,290	1,346	562	222	**North East Lincolnshire UA**
5,164	5,856	4,713	4,117	3,481	3,083	2,341	1,289	547	200	**North Lincolnshire UA**
5,474	6,162	4,860	4,266	3,935	3,315	2,777	1,610	737	290	**York UA**
18,603	22,150	18,377	15,694	13,677	11,731	9,084	5,355	2,736	1,049	**North Yorkshire**
1,821	2,169	1,810	1,506	1,370	1,179	918	571	317	104	Craven
2,923	3,387	2,926	2,427	2,120	1,813	1,306	757	362	125	Hambleton
4,869	5,623	4,545	3,970	3,340	2,847	2,214	1,332	696	300	Harrogate
1,402	1,595	1,405	1,217	1,000	847	613	373	180	67	Richmondshire
1,677	2,085	1,808	1,568	1,396	1,257	949	581	291	117	Ryedale
3,258	4,174	3,437	3,116	2,840	2,476	2,068	1,190	585	236	Scarborough
2,653	3,117	2,446	1,890	1,611	1,312	1,016	551	305	100	Selby
39,434	42,629	36,300	31,172	27,412	23,255	18,368	10,441	4,513	1,573	**South Yorkshire (Met County)**
7,195	7,716	6,691	5,435	4,814	4,030	3,300	1,685	695	250	Barnsley
9,225	9,951	8,280	7,013	6,548	5,689	4,377	2,257	934	324	Doncaster
8,040	8,802	7,480	6,371	5,357	4,401	3,470	1,935	796	251	Rotherham
14,974	16,160	13,849	12,353	10,693	9,135	7,221	4,564	2,088	748	Sheffield
64,997	69,122	55,028	47,479	41,036	34,324	27,160	15,851	7,384	2,679	**West Yorkshire (Met County)**
14,569	14,550	11,150	10,255	8,620	7,418	5,872	3,203	1,579	581	Bradford
6,388	7,062	5,692	4,677	3,661	3,200	2,612	1,569	733	258	Calderdale
12,535	13,641	10,792	8,882	7,416	6,297	4,910	2,916	1,325	454	Kirklees
20,839	22,491	18,124	15,936	14,666	11,962	9,381	5,796	2,709	1,048	Leeds
10,666	11,378	9,270	7,729	6,673	5,447	4,385	2,367	1,038	338	Wakefield
134,351	150,070	124,812	102,759	90,221	78,580	61,888	35,803	15,880	5,723	**EAST MIDLANDS**
6,463	6,878	5,777	5,080	4,656	4,214	3,335	1,960	851	297	**Derby UA**
8,259	7,725	5,667	5,259	4,698	4,118	3,451	2,113	994	388	**Leicester UA**
6,945	7,247	5,633	5,079	4,925	4,438	3,632	2,079	871	301	**Nottingham UA**
1,147	1,315	1,155	965	849	668	510	293	135	57	**Rutland UA**
24,868	28,301	24,102	19,120	16,384	14,179	11,253	6,534	2,903	1,018	**Derbyshire**
3,927	4,687	3,892	3,051	2,606	2,200	1,792	1,030	447	167	Amber Valley
2,296	2,483	2,324	1,901	1,676	1,436	1,152	651	262	90	Bolsover
3,281	3,525	3,046	2,438	2,151	1,994	1,675	944	412	126	Chesterfield
2,508	3,030	2,595	1,993	1,785	1,453	1,197	694	319	132	Derbyshire Dales
3,456	4,025	3,476	2,699	2,357	1,966	1,479	943	444	158	Erewash
3,182	3,546	2,738	2,336	1,821	1,615	1,206	703	352	130	High Peak
3,365	3,891	3,483	2,746	2,357	2,062	1,644	947	374	119	North East Derbyshire
2,853	3,114	2,548	1,956	1,631	1,453	1,108	622	293	96	South Derbyshire

Table P6

Population at Census Day 2001: Local Authority Districts and Other Geographies - *continued*

Males

Area		All	0 – 4	5 – 9	10 – 14	15 – 19	20 – 24	25 – 29	30 – 34	35 – 39	40 – 44
a		b	c	d	e	f	g	h	i	j	k
Leicestershire		301,241	17,694	19,457	20,313	20,493	18,132	16,875	22,196	23,947	22,358
Blaby		44,850	2,624	2,999	3,046	3,000	2,320	2,639	3,531	3,739	3,558
Charnwood		76,308	4,249	4,742	5,138	6,291	6,775	4,468	5,399	5,488	5,300
Harborough		37,970	2,430	2,542	2,574	2,166	1,705	1,890	2,776	3,244	2,977
Hinckley and Bosworth		49,166	2,831	3,006	3,220	3,045	2,514	2,732	3,733	3,980	3,599
Melton		23,525	1,441	1,599	1,547	1,341	1,187	1,178	1,720	1,990	1,784
North West Leicestershire		42,236	2,584	2,767	2,823	2,397	2,073	2,528	3,210	3,523	3,133
Oadby and Wigston		27,186	1,535	1,802	1,965	2,253	1,558	1,440	1,827	1,983	2,007
Lincolnshire		316,595	17,621	20,189	21,864	19,689	16,107	16,981	21,381	23,485	21,780
Boston		27,324	1,536	1,676	1,795	1,735	1,308	1,618	1,774	1,901	1,868
East Lindsey		64,055	3,160	3,746	4,300	3,851	2,879	2,940	3,806	4,104	4,035
Lincoln		41,709	2,618	2,728	2,956	2,905	3,550	3,057	3,312	3,314	2,773
North Kesteven		46,014	2,683	2,987	3,077	2,660	2,150	2,415	3,282	3,802	3,280
South Holland		37,390	2,000	2,219	2,369	2,046	1,622	1,951	2,484	2,695	2,460
South Kesteven		61,129	3,582	4,293	4,500	3,973	2,940	3,225	4,379	4,799	4,526
West Lindsey		38,974	2,042	2,540	2,867	2,519	1,658	1,775	2,344	2,870	2,838
Northamptonshire		310,777	19,796	21,682	22,918	20,133	17,418	20,148	24,543	25,343	23,060
Corby		25,892	1,639	1,913	2,139	1,819	1,410	1,482	1,965	2,118	2,022
Daventry		35,964	2,206	2,614	2,729	2,378	1,682	1,896	2,715	2,970	2,848
East Northamptonshire		37,908	2,425	2,619	2,749	2,559	1,746	2,220	2,983	3,122	2,768
Kettering		40,167	2,509	2,771	2,862	2,406	2,127	2,767	3,314	3,227	2,796
Northampton		95,394	6,245	6,524	6,833	6,329	6,753	7,445	7,847	7,801	6,791
South Northamptonshire		39,483	2,428	2,714	2,993	2,388	1,726	2,019	2,849	3,292	3,357
Wellingborough		35,969	2,344	2,527	2,613	2,254	1,974	2,319	2,870	2,813	2,478
Nottinghamshire		366,092	21,163	24,121	25,604	22,387	19,049	21,379	27,834	29,732	26,835
Ashfield		54,419	3,374	3,644	3,750	3,347	2,811	3,275	4,481	4,468	3,902
Bassetlaw		53,181	3,086	3,456	3,725	3,376	2,649	3,035	4,066	4,301	3,878
Broxtowe		52,878	2,855	3,306	3,616	3,064	3,142	3,416	4,162	4,349	3,819
Gedling		54,250	3,032	3,431	3,733	3,279	2,605	3,177	4,073	4,272	4,076
Mansfield		47,719	2,692	3,298	3,664	3,183	2,508	2,687	3,503	3,873	3,475
Newark and Sherwood		51,837	3,073	3,522	3,642	3,147	2,437	2,793	3,706	4,084	3,725
Rushcliffe		51,808	3,051	3,464	3,474	2,991	2,897	2,996	3,843	4,385	3,960
WEST MIDLANDS		2,575,503	163,883	175,405	185,948	174,163	154,063	162,284	193,998	197,153	179,047
County of Herefordshire UA		85,370	4,829	5,602	5,894	5,008	3,590	4,499	5,579	6,574	6,147
Stoke-on-Trent UA		117,160	7,169	7,513	8,374	8,050	8,240	7,778	8,953	9,136	7,879
Telford and Wrekin UA		77,889	5,368	5,679	5,796	5,449	4,729	5,260	6,263	6,480	5,498
Shropshire		140,180	7,733	8,703	9,534	9,780	7,130	8,017	9,737	10,672	9,717
Bridgnorth		26,701	1,246	1,493	1,603	2,026	1,973	1,658	1,737	1,875	1,753
North Shropshire		28,554	1,670	1,847	1,866	2,115	1,430	1,546	1,994	2,199	2,050
Oswestry		18,046	1,002	1,197	1,344	1,192	842	1,076	1,338	1,452	1,254
Shrewsbury and Atcham		47,101	2,735	2,993	3,438	3,368	2,178	2,849	3,518	3,716	3,325
South Shropshire		19,778	1,080	1,173	1,283	1,079	707	888	1,150	1,430	1,335
Staffordshire		396,242	22,804	25,039	27,545	25,908	21,529	23,293	29,182	31,155	28,869
Cannock Chase		45,372	2,952	3,070	3,258	2,980	2,382	3,065	3,912	3,861	3,258
East Staffordshire		50,587	3,205	3,668	3,696	3,188	2,406	3,010	3,808	4,131	3,906
Lichfield		45,792	2,538	2,895	3,168	2,883	2,217	2,441	3,190	3,539	3,265
Newcastle-under-Lyme		59,275	3,329	3,557	3,954	3,992	4,017	3,527	4,176	4,628	4,220
South Staffordshire		52,268	2,707	3,173	3,642	3,441	2,580	2,642	3,527	4,069	4,057
Stafford		59,749	3,144	3,514	3,968	3,788	3,567	3,518	4,266	4,605	4,290
Staffordshire Moorlands		46,489	2,398	2,622	3,027	2,957	2,296	2,568	3,237	3,450	3,289
Tamworth		36,710	2,531	2,540	2,832	2,679	2,064	2,522	3,066	2,872	2,584
Warwickshire		248,327	14,722	15,895	16,775	14,884	13,482	15,053	18,821	19,681	18,240
North Warwickshire		30,458	1,813	1,948	2,129	1,785	1,455	1,808	2,372	2,435	2,246
Nuneaton and Bedworth		58,526	3,573	4,210	4,282	3,693	3,124	3,619	4,586	4,663	4,266
Rugby		43,348	2,658	2,887	2,992	2,887	2,100	2,571	3,355	3,488	3,167
Stratford on Avon		53,996	3,137	3,245	3,417	2,831	2,306	2,690	3,636	4,181	4,144
Warwick		61,999	3,541	3,605	3,955	3,688	4,497	4,365	4,872	4,914	4,417

45 – 49	50 —54	55 – 59	60 – 64	65 – 69	70 – 74	75 – 79	80 – 84	85 – 89	90 and over	Area
l	*m*	*n*	*o*	*p*	*q*	*r*	*s*	*t*	*u*	*a*
20,732	23,410	18,952	15,368	13,180	11,406	8,608	5,010	2,278	832	**Leicestershire**
2,963	3,316	2,742	2,287	2,038	1,701	1,209	702	324	112	Blaby
5,020	5,599	4,422	3,588	3,192	2,718	2,028	1,128	562	201	Charnwood
2,780	3,099	2,564	1,953	1,666	1,432	1,073	709	283	107	Harborough
3,549	4,217	3,231	2,595	2,227	1,877	1,413	816	410	171	Hinckley and Bosworth
1,731	1,919	1,513	1,340	975	867	719	424	193	57	Melton
2,891	3,343	2,906	2,179	1,807	1,616	1,287	747	318	104	North West Leicestershire
1,798	1,917	1,574	1,426	1,275	1,195	879	484	188	80	Oadby and Wigston
20,752	23,733	21,196	18,097	16,661	14,954	11,700	6,553	2,842	1,010	**Lincolnshire**
1,835	2,087	1,835	1,624	1,446	1,348	1,007	555	281	95	Boston
4,057	4,919	4,848	4,259	4,139	3,687	2,857	1,545	675	248	East Lindsey
2,516	2,660	2,087	1,747	1,573	1,476	1,264	768	302	103	Lincoln
3,008	3,345	3,078	2,687	2,437	2,082	1,601	930	399	111	North Kesteven
2,407	2,857	2,518	2,359	2,298	2,147	1,608	837	366	147	South Holland
4,242	4,709	3,952	3,124	2,682	2,416	1,996	1,124	488	179	South Kesteven
2,687	3,156	2,878	2,297	2,086	1,798	1,367	794	331	127	West Lindsey
20,698	23,419	18,656	14,568	12,084	10,295	8,125	4,877	2,205	809	**Northamptonshire**
1,716	1,698	1,436	1,355	1,035	908	687	359	151	40	Corby
2,545	2,923	2,400	1,787	1,472	1,157	867	502	203	70	Daventry
2,594	3,043	2,368	1,863	1,538	1,249	1,005	642	288	127	East Northamptonshire
2,564	3,044	2,558	1,876	1,623	1,391	1,170	694	336	132	Kettering
5,903	6,713	5,004	3,972	3,375	2,999	2,425	1,507	688	240	Northampton
2,951	3,317	2,676	1,927	1,595	1,299	962	599	282	109	South Northamptonshire
2,425	2,681	2,214	1,788	1,446	1,292	1,009	574	257	91	Wellingborough
24,487	28,042	23,674	19,223	16,784	14,308	11,274	6,384	2,801	1,011	**Nottinghamshire**
3,496	3,928	3,665	2,873	2,394	1,977	1,586	965	352	131	Ashfield
3,601	4,066	3,540	2,872	2,429	2,147	1,526	903	392	133	Bassetlaw
3,445	4,071	3,319	2,785	2,446	2,012	1,595	932	430	114	Broxtowe
3,739	4,334	3,514	2,862	2,616	2,207	1,771	930	415	184	Gedling
3,140	3,443	2,920	2,448	2,128	1,851	1,572	862	363	109	Mansfield
3,411	4,091	3,519	2,855	2,471	2,159	1,704	924	405	169	Newark and Sherwood
3,655	4,109	3,197	2,528	2,300	1,955	1,520	868	444	171	Rushcliffe
165,678	180,686	155,758	132,124	113,590	98,041	74,181	43,433	19,433	6,635	**WEST MIDLANDS**
5,850	6,671	5,820	4,892	4,474	3,865	3,041	1,839	865	331	**County of Herefordshire UA**
7,338	8,243	6,908	5,573	4,897	4,484	3,650	1,927	778	270	**Stoke-on-Trent UA**
5,363	5,567	4,486	3,692	2,808	2,267	1,686	938	418	142	**Telford and Wrekin UA**
9,394	10,417	9,452	7,959	6,947	6,093	4,498	2,610	1,340	447	**Shropshire**
1,728	2,116	1,940	1,635	1,345	1,099	751	416	243	64	Bridgnorth
1,902	2,083	1,906	1,575	1,392	1,221	896	525	250	87	North Shropshire
1,203	1,311	1,109	925	861	791	580	351	166	52	Oswestry
3,186	3,417	2,964	2,525	2,121	1,854	1,465	849	445	155	Shrewsbury and Atcham
1,375	1,490	1,533	1,299	1,228	1,128	806	469	236	89	South Shropshire
27,319	31,169	26,610	21,976	17,997	14,937	11,022	6,175	2,735	978	**Staffordshire**
2,887	3,297	2,799	2,241	1,828	1,547	1,164	560	232	79	Cannock Chase
3,417	3,671	3,054	2,576	2,231	1,903	1,440	774	369	134	East Staffordshire
3,227	3,801	3,553	2,867	2,198	1,686	1,180	729	311	104	Lichfield
3,875	4,560	3,718	3,167	2,747	2,370	1,822	1,025	443	148	Newcastle-under-Lyme
3,737	4,308	3,760	3,274	2,542	2,101	1,449	781	345	133	South Staffordshire
4,121	4,703	4,065	3,400	2,851	2,430	1,759	1,076	500	184	Stafford
3,290	3,918	3,505	2,802	2,369	1,905	1,488	863	372	133	Staffordshire Moorlands
2,765	2,911	2,156	1,649	1,231	995	720	367	163	63	Tamworth
16,863	18,985	16,744	13,160	11,162	9,691	7,186	4,280	2,009	694	**Warwickshire**
2,176	2,441	2,154	1,662	1,335	1,163	802	463	205	66	North Warwickshire
3,935	4,323	3,741	2,874	2,560	2,187	1,546	895	341	108	Nuneaton and Bedworth
2,748	3,141	2,933	2,317	1,895	1,663	1,246	792	378	130	Rugby
3,956	4,525	4,090	3,298	2,787	2,313	1,698	1,013	552	177	Stratford on Avon
4,048	4,555	3,826	3,009	2,585	2,365	1,894	1,117	533	213	Warwick

Table **P6**

Population at Census Day 2001: Local Authority Districts and Other Geographies - *continued*

Males

Area		All	0 – 4	5 – 9	10 – 14	15 – 19	20 – 24	25 – 29	30 – 34	35 – 39	40 – 44
a		b	c	d	e	f	g	h	i	j	k
West Midlands (Met County)		**1,244,443**	**85,397**	**89,922**	**93,906**	**88,672**	**81,903**	**82,804**	**95,631**	**92,777**	**83,988**
Birmingham		473,329	36,043	36,079	37,409	36,541	35,627	33,264	36,394	34,417	30,952
Coventry		149,114	9,558	10,348	10,905	11,336	12,534	10,897	11,307	11,148	9,989
Dudley		149,721	9,060	9,935	10,473	9,177	7,820	9,063	11,843	11,628	10,272
Sandwell		136,476	9,186	9,938	10,134	9,173	7,339	9,278	11,024	10,333	9,380
Solihull		96,690	5,855	6,778	7,495	6,334	4,473	4,859	6,644	7,485	7,178
Walsall		123,244	8,323	8,767	8,967	8,285	6,652	7,679	9,466	9,221	8,425
Wolverhampton		115,869	7,372	8,077	8,523	7,826	7,458	7,764	8,953	8,545	7,792
Worcestershire		**265,892**	**15,861**	**17,052**	**18,124**	**16,412**	**13,460**	**15,580**	**19,832**	**20,678**	**18,709**
Bromsgrove		43,148	2,393	2,737	3,085	2,542	1,986	2,187	2,947	3,357	3,263
Malvern Hills		35,052	1,765	2,075	2,397	2,340	1,467	1,559	2,050	2,380	2,456
Redditch		38,836	2,595	2,709	2,860	2,708	2,396	2,689	3,004	2,977	2,728
Worcester		45,487	3,161	3,002	2,954	2,700	2,669	3,348	4,346	4,019	3,255
Wychavon		55,723	3,206	3,554	3,624	3,127	2,499	2,916	3,977	4,405	3,975
Wyre Forest		47,646	2,741	2,975	3,204	2,995	2,443	2,881	3,508	3,540	3,032
EAST OF ENGLAND		**2,638,493**	**164,892**	**175,628**	**179,455**	**162,749**	**150,900**	**168,197**	**200,147**	**210,185**	**191,492**
Luton UA		**92,151**	**6,776**	**6,902**	**7,152**	**6,346**	**7,284**	**6,795**	**7,760**	**7,292**	**6,370**
Peterborough UA		**76,017**	**5,166**	**5,641**	**5,554**	**4,963**	**4,731**	**5,676**	**6,210**	**5,900**	**5,305**
Southend-on-Sea UA		**76,758**	**5,057**	**5,265**	**5,258**	**4,648**	**3,916**	**4,916**	**5,826**	**6,150**	**5,403**
Thurrock UA		**69,664**	**5,184**	**4,910**	**4,996**	**4,099**	**4,141**	**5,466**	**6,009**	**5,959**	**5,064**
Bedfordshire		**189,159**	**12,319**	**13,207**	**13,622**	**12,164**	**9,960**	**11,844**	**15,038**	**16,345**	**14,747**
Bedford		73,059	4,747	5,057	5,037	4,874	4,461	5,067	5,752	5,945	5,292
Mid Bedfordshire		60,451	4,040	4,160	4,231	3,673	2,981	3,555	5,040	5,556	4,940
South Bedfordshire		55,649	3,532	3,990	4,354	3,617	2,518	3,222	4,246	4,844	4,515
Cambridgeshire		**273,661**	**16,499**	**17,500**	**17,715**	**17,626**	**19,302**	**18,953**	**21,326**	**22,101**	**19,931**
Cambridge		54,329	2,606	2,508	2,649	4,390	8,705	5,892	4,669	3,959	3,095
East Cambridgeshire		36,187	2,294	2,329	2,448	2,070	1,765	2,231	2,781	2,993	2,635
Fenland		40,700	2,439	2,721	2,668	2,274	1,942	2,257	2,953	3,124	2,829
Huntingdonshire		77,994	5,263	5,678	5,571	4,661	3,703	4,731	6,167	6,769	6,312
South Cambridgeshire		64,451	3,897	4,264	4,379	4,231	3,187	3,842	4,756	5,256	5,060
Essex		**640,248**	**40,003**	**42,808**	**43,373**	**39,309**	**35,613**	**39,713**	**47,913**	**49,985**	**45,603**
Basildon		80,028	5,442	5,764	5,828	4,964	4,748	5,652	6,378	6,444	5,837
Braintree		65,060	4,347	4,542	4,448	3,867	3,420	4,045	5,223	5,420	4,654
Brentwood		33,203	1,839	2,132	2,324	1,979	1,614	1,931	2,285	2,562	2,497
Castle Point		42,324	2,331	2,815	2,804	2,778	2,237	2,314	2,803	3,022	2,903
Chelmsford		77,419	4,609	5,044	5,266	5,042	4,525	5,332	5,926	6,327	5,761
Colchester		77,117	4,920	4,993	5,064	5,156	5,835	5,784	6,325	5,965	5,178
Epping Forest		58,575	3,783	3,804	3,902	3,172	3,045	3,563	4,445	4,675	4,323
Harlow		38,283	2,815	2,721	2,706	2,435	2,365	2,795	3,360	3,316	2,813
Maldon		29,465	1,912	2,061	2,074	1,790	1,392	1,443	2,044	2,266	2,215
Rochford		38,136	2,317	2,621	2,492	2,304	1,860	2,038	2,745	2,985	2,655
Tendring		66,285	3,537	3,974	4,138	3,598	2,918	3,068	4,011	4,278	4,012
Uttlesford		34,353	2,151	2,337	2,327	2,224	1,654	1,748	2,368	2,725	2,755
Hertfordshire		**505,052**	**33,135**	**34,623**	**34,767**	**30,305**	**27,497**	**33,119**	**40,303**	**43,606**	**39,737**
Broxbourne		42,278	2,740	2,923	2,987	2,431	2,558	2,847	3,452	3,405	3,145
Dacorum		67,808	4,462	4,569	4,865	4,127	3,462	4,240	5,134	5,958	5,561
East Hertfordshire		63,219	4,149	4,366	4,240	3,798	3,149	4,108	5,232	5,610	5,065
Hertsmere		45,574	3,035	3,208	3,237	2,780	2,321	2,774	3,310	3,797	3,567
North Hertfordshire		56,975	3,640	3,902	3,818	3,415	2,671	3,587	4,557	5,014	4,409
St. Albans		63,400	4,356	4,220	4,096	3,527	3,072	4,243	5,378	5,599	5,033
Stevenage		39,163	2,732	2,929	3,090	2,699	2,077	2,730	3,319	3,598	3,074
Three Rivers		40,057	2,601	2,683	2,818	2,296	1,944	2,303	2,865	3,264	3,200
Watford		39,221	2,570	2,651	2,585	2,191	2,373	3,556	3,822	3,706	3,032
Welwyn Hatfield		47,357	2,850	3,172	3,031	3,041	3,870	2,731	3,234	3,655	3,651
Norfolk		**387,832**	**21,030**	**23,366**	**24,497**	**23,102**	**20,766**	**22,222**	**26,627**	**28,220**	**26,225**
Breckland		60,087	3,553	3,772	3,993	3,430	3,004	3,505	4,091	4,566	3,964
Broadland		57,763	3,090	3,606	3,608	3,247	2,440	2,950	4,216	4,614	4,169
Great Yarmouth		44,012	2,439	2,841	3,012	2,662	2,185	2,480	2,912	3,048	2,989
King's Lynn and West Norfolk		65,817	3,494	3,997	4,213	3,765	3,088	3,409	4,358	4,866	4,495
North Norfolk		47,474	2,161	2,600	2,767	2,712	2,030	2,045	2,651	2,947	3,037

				Age in years						
45 – 49	50 – 54	55 – 59	60 – 64	65 – 69	70 – 74	75 – 79	80 – 84	85 – 89	90 and over	Area
l	*m*	*n*	*o*	*p*	*q*	*r*	*s*	*t*	*u*	*a*
75,094	**78,162**	**67,683**	**60,602**	**53,156**	**46,517**	**35,249**	**20,924**	**9,073**	**2,983**	**West Midlands (Met County)**
27,042	26,819	22,639	20,723	18,335	16,220	12,538	7,705	3,436	1,146	Birmingham
8,671	8,770	7,532	6,577	5,929	5,227	4,181	2,632	1,179	394	Coventry
9,917	11,004	9,733	8,380	7,122	6,151	4,246	2,555	1,026	316	Dudley
8,250	8,635	7,585	7,214	6,013	5,254	4,043	2,457	952	288	Sandwell
6,319	7,512	6,567	5,077	4,392	4,065	3,015	1,608	775	259	Solihull
7,760	8,181	7,384	6,848	5,999	4,851	3,552	1,845	799	240	Walsall
7,135	7,241	6,243	5,783	5,366	4,749	3,674	2,122	906	340	Wolverhampton
18,457	**21,472**	**18,055**	**14,270**	**12,149**	**10,187**	**7,849**	**4,740**	**2,215**	**790**	**Worcestershire**
3,179	3,459	3,080	2,457	2,057	1,823	1,288	793	377	138	Bromsgrove
2,361	3,019	2,525	2,160	2,002	1,671	1,361	868	432	164	Malvern Hills
2,912	3,134	2,376	1,626	1,280	1,180	812	565	216	69	Redditch
2,916	3,122	2,467	2,025	1,806	1,413	1,182	685	314	103	Worcester
3,992	4,689	4,007	3,143	2,754	2,340	1,823	1,025	502	165	Wychavon
3,097	4,049	3,600	2,859	2,250	1,760	1,383	804	374	151	Wyre Forest
172,600	**192,328**	**158,371**	**131,625**	**118,447**	**102,390**	**79,529**	**47,936**	**23,184**	**8,438**	**EAST OF ENGLAND**
5,354	**5,427**	**4,405**	**4,119**	**3,742**	**2,743**	**2,012**	**1,001**	**491**	**180**	**Luton UA**
4,872	**5,155**	**3,914**	**3,381**	**3,007**	**2,648**	**2,009**	**1,194**	**501**	**190**	**Peterborough UA**
4,781	**5,321**	**4,338**	**3,704**	**3,415**	**3,107**	**2,599**	**1,742**	**935**	**377**	**Southend-on-Sea UA**
4,296	**5,204**	**3,811**	**2,893**	**2,387**	**2,110**	**1,777**	**866**	**366**	**126**	**Thurrock UA**
12,681	**13,997**	**11,055**	**8,990**	**7,506**	**6,410**	**4,763**	**2,726**	**1,329**	**456**	**Bedfordshire**
4,774	5,151	4,126	3,380	2,855	2,602	2,048	1,136	564	191	Bedford
4,271	4,529	3,608	2,870	2,347	1,881	1,399	814	408	148	Mid Bedfordshire
3,636	4,317	3,321	2,740	2,304	1,927	1,316	776	357	117	South Bedfordshire
18,264	**19,765**	**16,254**	**13,060**	**11,019**	**9,582**	**7,267**	**4,409**	**2,206**	**882**	**Cambridgeshire**
2,885	2,812	2,311	1,944	1,643	1,571	1,272	828	433	157	Cambridge
2,544	2,670	2,291	1,900	1,654	1,433	1,093	605	328	123	East Cambridgeshire
2,694	3,033	2,631	2,226	2,178	1,927	1,453	828	374	149	Fenland
5,489	6,096	4,895	3,820	2,897	2,406	1,763	1,065	504	204	Huntingdonshire
4,652	5,154	4,126	3,170	2,647	2,245	1,686	1,083	567	249	South Cambridgeshire
42,171	**48,321**	**39,875**	**32,457**	**29,352**	**25,232**	**19,237**	**11,701**	**5,622**	**1,960**	**Essex**
4,898	5,748	4,481	3,690	3,421	2,845	2,076	1,181	506	125	Basildon
4,502	5,100	4,061	3,094	2,563	2,223	1,727	1,068	516	240	Braintree
2,256	2,567	2,087	1,795	1,654	1,486	1,124	679	294	98	Brentwood
2,758	3,606	3,083	2,428	2,144	1,716	1,383	760	325	114	Castle Point
5,379	5,860	4,778	3,695	3,314	2,626	1,960	1,237	565	173	Chelmsford
4,818	5,506	4,443	3,500	3,012	2,631	1,915	1,209	637	226	Colchester
3,842	4,606	3,807	2,954	2,593	2,370	1,840	1,108	560	183	Epping Forest
2,508	2,293	1,772	1,523	1,515	1,482	1,061	536	195	72	Harlow
2,077	2,459	2,120	1,600	1,450	1,030	746	464	226	96	Maldon
2,564	2,986	2,531	2,105	1,940	1,627	1,208	735	331	92	Rochford
4,020	4,756	4,374	4,330	4,236	3,941	3,344	2,156	1,181	413	Tendring
2,549	2,834	2,338	1,743	1,510	1,255	853	568	286	128	Uttlesford
34,622	**35,635**	**28,304**	**22,999**	**21,186**	**17,863**	**13,843**	**8,138**	**3,969**	**1,401**	**Hertfordshire**
2,699	2,968	2,506	2,073	1,960	1,573	1,081	578	270	82	Broxbourne
4,840	4,862	3,833	2,993	2,792	2,414	1,977	1,069	485	165	Dacorum
4,592	4,779	3,592	2,946	2,574	2,084	1,506	877	394	158	East Hertfordshire
3,271	3,404	2,491	2,006	1,793	1,630	1,411	930	438	171	Hertsmere
3,806	4,139	3,410	2,732	2,525	2,061	1,608	975	524	182	North Hertfordshire
4,357	4,594	3,714	2,985	2,629	2,223	1,735	962	492	185	St. Albans
2,482	2,323	1,839	1,594	1,520	1,329	1,031	515	218	64	Stevenage
2,937	3,120	2,391	1,897	1,813	1,448	1,167	768	388	154	Three Rivers
2,424	2,370	1,985	1,618	1,373	1,168	864	534	297	102	Watford
3,214	3,076	2,543	2,155	2,207	1,933	1,463	930	463	138	Welwyn Hatfield
24,778	**29,289**	**25,826**	**22,516**	**20,903**	**18,615**	**14,813**	**9,024**	**4,367**	**1,646**	**Norfolk**
3,915	4,417	4,077	3,421	3,218	2,810	2,188	1,286	611	266	Breckland
3,847	4,604	3,954	3,455	3,087	2,667	2,037	1,285	632	255	Broadland
2,877	3,453	2,986	2,606	2,227	2,016	1,606	1,015	485	173	Great Yarmouth
4,057	4,905	4,411	4,045	3,874	3,475	2,726	1,620	764	255	King's Lynn and West Norfolk
2,863	3,872	3,618	3,170	3,311	2,976	2,293	1,387	751	283	North Norfolk

Table P6

Population at Census Day 2001: Local Authority Districts and Other Geographies - *continued*

Males

Area	All	| Age in Years								
		0 – 4	5 – 9	10 – 14	15 – 19	20 – 24	25 – 29	30 – 34	35 – 39	40 – 44
a	b	c	d	e	f	g	h	i	j	k
Norfolk - *continued*										
Norwich	58,824	3,293	3,288	3,436	4,047	5,838	5,180	4,997	4,378	3,656
South Norfolk	53,855	3,000	3,262	3,468	3,239	2,181	2,653	3,402	3,801	3,915
Suffolk	**327,951**	**19,723**	**21,406**	**22,521**	**20,187**	**17,690**	**19,493**	**23,135**	**24,627**	**23,107**
Babergh	40,733	2,322	2,513	2,861	2,672	1,844	2,114	2,565	2,961	2,879
Forest Heath	27,903	1,961	1,817	1,811	1,541	2,256	2,226	2,428	2,463	1,940
Ipswich	57,407	3,700	3,931	4,168	3,801	3,778	4,294	4,615	4,218	3,913
Mid Suffolk	43,314	2,613	2,862	2,866	2,599	2,167	2,322	2,829	3,318	3,242
St. Edmundsbury	48,674	2,965	3,070	3,182	2,858	2,932	3,196	3,828	3,959	3,385
Suffolk Coastal	55,796	3,066	3,664	3,853	3,448	2,251	2,505	3,348	4,048	4,184
Waveney	54,124	3,096	3,549	3,780	3,268	2,462	2,836	3,522	3,660	3,564
LONDON	**3,468,816**	**243,691**	**230,728**	**222,104**	**212,062**	**254,107**	**331,791**	**341,089**	**311,024**	**252,643**
Inner London	**1,340,450**	**96,716**	**83,879**	**78,159**	**76,360**	**112,281**	**160,115**	**153,675**	**127,300**	**95,920**
Camden	95,385	6,004	5,190	4,612	5,403	8,282	12,459	11,187	8,656	6,783
City of London	3,838	124	112	100	82	265	491	445	359	311
Hackney	96,962	8,559	7,033	7,124	6,171	6,880	9,416	10,123	9,512	7,101
Hammersmith and Fulham	78,982	5,273	4,057	3,608	3,577	6,825	11,427	10,195	7,098	5,275
Haringey	103,650	7,434	6,879	6,876	6,565	8,846	11,074	10,825	10,364	7,359
Islington	84,208	5,674	4,952	4,897	4,425	6,589	9,965	10,002	8,780	5,968
Kensington and Chelsea	75,918	5,067	4,077	3,032	3,167	5,222	7,890	8,647	7,572	5,981
Lambeth	131,138	9,239	7,960	7,385	6,888	11,214	17,845	16,741	13,148	9,255
Lewisham	119,949	9,081	8,320	7,550	7,522	8,810	11,400	13,230	11,981	9,194
Newham	119,835	10,540	10,183	10,053	9,687	9,923	10,970	11,354	9,591	8,500
Southwark	119,822	8,676	7,960	7,175	6,796	11,016	12,663	13,231	12,342	9,159
Tower Hamlets	98,221	7,713	6,754	6,941	6,705	9,636	12,931	10,667	8,079	6,188
Wandsworth	123,761	8,518	6,615	5,592	5,182	10,633	19,851	16,330	11,553	8,601
Westminster	88,781	4,814	3,787	3,214	4,190	8,140	11,733	10,698	8,265	6,245
Outer London	**2,128,366**	**146,975**	**146,849**	**143,945**	**135,702**	**141,826**	**171,676**	**187,414**	**183,724**	**156,723**
Barking and Dagenham	78,062	6,254	6,283	5,970	5,362	4,888	5,403	6,675	6,353	5,633
Barnet	149,789	10,273	10,470	9,860	9,063	10,331	12,966	12,898	12,517	10,705
Bexley	105,163	6,717	7,481	7,621	6,655	5,778	6,546	8,420	8,695	7,994
Brent	127,804	8,145	8,096	8,318	8,500	11,096	12,919	11,977	11,167	9,085
Bromley	141,794	9,605	9,353	9,287	8,185	7,153	9,192	11,650	12,487	10,476
Croydon	159,191	11,527	11,894	11,726	10,445	9,442	11,428	13,065	13,880	12,460
Ealing	147,556	9,712	9,497	9,382	9,455	11,391	14,692	14,904	13,244	10,445
Enfield	130,711	9,103	9,469	8,999	8,503	8,459	9,717	11,097	11,587	9,845
Greenwich	102,859	7,977	7,545	7,296	6,803	7,232	8,694	9,559	8,842	7,233
Harrow	100,254	6,214	6,671	7,227	7,345	6,653	7,591	7,827	8,094	7,334
Havering	107,962	6,376	7,410	7,538	6,855	6,095	6,449	7,744	8,284	8,175
Hillingdon	117,174	8,397	8,471	8,052	7,559	7,726	8,138	9,930	10,171	8,708
Hounslow	104,233	7,322	6,792	6,853	7,105	7,889	9,522	10,345	9,301	7,314
Kingston upon Thames	72,014	4,703	4,368	4,274	4,566	5,886	6,621	6,492	6,277	5,249
Merton	91,541	6,545	5,768	5,523	5,113	6,132	9,605	9,329	8,480	6,575
Redbridge	115,841	8,116	8,163	8,254	7,573	8,026	8,833	9,342	8,960	8,798
Richmond upon Thames	83,314	6,009	5,066	4,610	4,241	4,414	6,486	8,192	8,420	6,629
Sutton	86,812	5,925	6,399	5,972	5,363	4,873	6,590	7,525	7,790	6,491
Waltham Forest	106,292	8,055	7,653	7,183	7,011	8,362	10,284	10,443	9,175	7,574
SOUTH EAST	**3,905,474**	**242,296**	**260,108**	**265,513**	**249,422**	**233,124**	**248,395**	**291,730**	**316,264**	**288,306**
Bracknell Forest UA	**54,889**	**3,924**	**3,915**	**3,926**	**3,756**	**3,126**	**4,260**	**5,149**	**5,279**	**4,539**
Brighton and Hove UA	**119,902**	**6,714**	**6,599**	**6,374**	**6,509**	**9,530**	**11,117**	**11,717**	**10,964**	**8,531**
Isle of Wight UA	**63,685**	**3,328**	**3,892**	**4,355**	**3,779**	**2,885**	**3,142**	**3,920**	**4,347**	**4,144**
Medway UA	**122,892**	**8,484**	**9,158**	**9,478**	**8,539**	**7,501**	**8,139**	**9,738**	**10,460**	**8,984**
Milton Keynes UA	**102,888**	**7,299**	**7,986**	**7,714**	**7,174**	**6,254**	**7,616**	**8,706**	**8,776**	**8,221**
Portsmouth UA	**92,036**	**5,673**	**5,732**	**5,985**	**6,564**	**8,681**	**7,071**	**7,656**	**7,516**	**6,374**
Reading UA	**72,112**	**4,523**	**4,364**	**4,270**	**4,546**	**7,237**	**7,718**	**6,829**	**6,093**	**4,949**
Slough UA	**59,320**	**4,153**	**4,301**	**4,485**	**3,936**	**3,928**	**5,643**	**5,396**	**4,876**	**4,585**
Southampton UA	**108,806**	**6,218**	**6,498**	**6,322**	**8,254**	**14,518**	**8,843**	**8,120**	**7,765**	**6,899**
West Berkshire UA	**71,684**	**4,532**	**4,842**	**4,963**	**4,593**	**3,547**	**4,783**	**5,815**	**6,173**	**5,751**
Windsor and Maidenhead UA	**65,879**	**4,164**	**4,109**	**4,610**	**4,316**	**3,501**	**4,498**	**5,171**	**5,389**	**4,940**
Wokingham UA	**75,132**	**4,727**	**5,175**	**5,364**	**5,043**	**4,422**	**5,064**	**5,783**	**6,476**	**6,121**

45 – 49	50 —54	55 – 59	60 – 64	65 – 69	70 – 74	75 – 79	80 – 84	85 – 89	90 and over	Area
l	m	n	o	p	q	r	s	t	u	a
										Norfolk - *continued*
3,553	3,534	2,853	2,495	2,273	2,193	1,909	1,197	507	197	Norwich
3,666	4,504	3,927	3,324	2,913	2,478	2,054	1,234	617	217	South Norfolk
20,781	24,214	20,589	17,506	15,930	14,080	11,209	7,135	3,398	1,220	**Suffolk**
2,766	3,353	2,923	2,335	2,060	1,771	1,372	881	397	144	Babergh
1,459	1,741	1,420	1,202	1,131	963	749	484	232	79	Forest Heath
3,523	3,706	2,962	2,585	2,416	2,273	1,696	1,097	541	190	Ipswich
2,941	3,407	2,903	2,384	2,138	1,842	1,397	902	419	163	Mid Suffolk
2,979	3,594	3,094	2,718	2,197	1,791	1,432	941	416	137	St. Edmundsbury
3,817	4,396	3,701	3,157	3,015	2,796	2,165	1,410	697	275	Suffolk Coastal
3,296	4,017	3,586	3,125	2,973	2,644	2,398	1,420	696	232	Waveney
203,580	199,501	155,651	137,280	119,107	99,781	76,150	46,701	23,302	8,524	**LONDON**
71,052	66,000	50,235	47,306	39,645	33,116	24,542	14,715	6,916	2,518	**Inner London**
5,048	5,282	4,039	3,323	2,773	2,500	1,911	1,109	572	252	Camden
250	406	286	166	128	121	93	60	28	11	City of London
5,533	4,586	3,285	3,346	2,803	2,439	1,556	893	423	179	Hackney
4,221	4,239	2,973	2,906	2,392	1,948	1,540	863	417	148	Hammersmith and Fulham
5,588	5,103	3,996	3,723	3,383	2,362	1,677	977	454	165	Haringey
4,649	4,217	3,325	3,023	2,590	2,161	1,536	951	354	150	Islington
4,455	5,169	3,988	3,341	2,471	2,190	1,735	1,119	599	196	Kensington and Chelsea
6,834	5,572	4,131	4,097	3,560	2,963	2,256	1,235	603	212	Lambeth
6,948	5,974	4,576	4,267	3,458	2,877	2,299	1,488	715	259	Lewisham
6,302	5,386	3,983	3,961	3,200	2,506	1,796	1,197	530	173	Newham
6,489	5,471	4,152	3,985	3,477	2,944	2,311	1,206	574	195	Southwark
4,508	3,560	2,789	3,268	2,841	2,556	1,620	997	351	117	Tower Hamlets
5,667	5,623	4,351	4,274	3,531	2,853	2,286	1,380	670	251	Wandsworth
4,560	5,412	4,361	3,626	3,038	2,696	1,926	1,240	626	210	Westminster
132,528	133,501	105,416	89,974	79,462	66,665	51,608	31,986	16,386	6,006	**Outer London**
4,432	4,763	3,480	2,962	2,667	2,599	2,259	1,284	604	191	Barking and Dagenham
9,405	9,279	7,384	5,950	5,594	4,966	3,775	2,354	1,444	555	Barnet
6,679	7,276	5,834	5,015	4,535	3,925	3,051	1,768	888	285	Bexley
7,423	6,578	5,602	5,456	5,044	3,656	2,290	1,476	698	278	Brent
9,084	10,241	8,115	6,602	6,107	5,510	4,273	2,781	1,220	473	Bromley
10,265	9,935	8,415	6,570	5,825	4,675	3,683	2,335	1,138	483	Croydon
9,109	8,409	6,273	6,164	4,931	3,702	3,085	1,851	968	342	Ealing
7,905	7,977	6,534	5,863	5,053	4,226	3,071	1,923	1,036	344	Enfield
5,959	6,028	4,698	4,034	3,274	2,851	2,382	1,501	700	251	Greenwich
6,738	6,445	5,165	4,506	3,960	3,147	2,458	1,536	975	368	Harrow
7,020	8,019	6,254	5,276	4,969	4,644	3,682	2,052	862	258	Havering
7,582	7,412	5,890	5,027	4,620	3,744	2,835	1,700	889	323	Hillingdon
6,378	6,165	4,499	4,234	3,605	2,727	2,058	1,282	613	229	Hounslow
4,554	4,742	3,614	2,706	2,273	2,033	1,621	1,143	643	249	Kingston upon Thames
5,464	5,364	4,112	3,564	3,139	2,626	2,069	1,253	622	258	Merton
7,380	7,700	5,879	4,899	4,399	3,653	2,737	1,862	926	341	Redbridge
5,720	5,942	4,674	3,341	2,734	2,466	2,022	1,284	777	287	Richmond upon Thames
5,553	5,701	4,534	3,625	3,211	2,790	2,161	1,360	698	251	Sutton
5,878	5,525	4,460	4,180	3,522	2,725	2,096	1,241	685	240	Waltham Forest
258,203	282,572	232,446	189,970	168,085	144,885	113,215	71,421	35,696	13,823	**SOUTH EAST**
3,761	3,631	2,636	2,036	1,674	1,319	1,010	578	263	107	**Bracknell Forest UA**
7,285	7,509	5,606	5,397	4,574	3,973	3,524	2,211	1,245	523	**Brighton and Hove UA**
4,094	4,956	4,753	3,977	3,487	3,132	2,635	1,655	845	359	**Isle of Wight UA**
8,073	8,626	6,876	5,573	4,617	3,648	2,565	1,600	601	232	**Medway UA**
7,475	7,594	5,272	3,845	2,926	2,380	1,893	1,092	452	213	**Milton Keynes UA**
5,374	5,339	4,682	3,784	3,343	2,877	2,547	1,719	841	278	**Portsmouth UA**
4,041	4,069	3,174	2,741	2,310	2,117	1,574	914	481	162	**Reading UA**
3,741	3,505	2,551	2,178	1,919	1,709	1,235	711	351	117	**Slough UA**
6,297	6,224	5,488	4,325	3,742	3,484	2,876	1,843	811	279	**Southampton UA**
5,073	5,472	4,485	3,393	2,758	2,198	1,644	981	481	200	**West Berkshire UA**
4,283	4,959	3,932	3,312	2,804	2,410	1,765	985	524	207	**Windsor and Maidenhead UA**
5,256	5,747	4,547	3,512	2,851	2,177	1,395	891	418	163	**Wokingham UA**

Table **P6**

Population at Census Day 2001: Local Authority Districts and Other Geographies - *continued*

Males

Area	All	0 – 4	5 – 9	10 – 14	15 – 19	20 – 24	25 – 29	30 – 34	35 – 39	40 – 44
a	b	c	d	e	f	g	h	i	j	k
Buckinghamshire	**234,769**	**15,776**	**16,325**	**16,162**	**14,859**	**12,546**	**13,995**	**16,573**	**19,172**	**18,530**
Aylesbury Vale	82,350	5,678	5,898	5,788	5,654	4,439	5,011	6,335	7,214	6,772
Chiltern	43,131	2,810	2,954	2,955	2,566	1,953	2,062	2,377	3,282	3,448
South Bucks	30,016	1,807	2,081	2,148	1,702	1,293	1,418	1,820	2,240	2,467
Wycombe	79,272	5,481	5,392	5,271	4,937	4,861	5,504	6,041	6,436	5,843
East Sussex	**233,007**	**13,453**	**15,177**	**15,994**	**14,055**	**9,900**	**10,912**	**14,532**	**16,595**	**16,121**
Eastbourne	41,699	2,379	2,585	2,761	2,497	2,108	2,489	2,916	2,932	2,784
Hastings	40,655	2,703	2,862	2,960	2,634	1,892	2,395	2,977	3,096	2,921
Lewes	44,052	2,540	2,848	3,094	2,733	1,814	1,890	2,632	3,215	3,021
Rother	39,881	1,983	2,440	2,541	2,227	1,585	1,452	1,994	2,515	2,479
Wealden	66,720	3,848	4,442	4,638	3,964	2,501	2,686	4,013	4,837	4,916
Hampshire	**608,095**	**37,062**	**40,819**	**42,294**	**39,269**	**32,701**	**36,648**	**43,747**	**48,975**	**46,677**
Basingstoke and Deane	75,579	5,077	5,375	5,090	4,402	4,117	5,458	6,283	6,663	6,017
East Hampshire	53,771	3,216	3,642	3,788	3,865	2,759	2,816	3,476	4,225	4,312
Eastleigh	57,000	3,583	4,046	4,128	3,609	3,030	3,490	4,176	4,682	4,551
Fareham	52,880	3,067	3,398	3,835	3,340	2,542	2,666	3,687	4,253	4,232
Gosport	37,374	2,390	2,519	2,594	2,728	2,360	2,630	2,883	3,056	2,809
Hart	42,052	2,607	2,801	2,841	2,824	2,444	2,809	3,196	3,587	3,279
Havant	56,117	3,286	3,647	4,118	3,812	2,658	2,741	3,594	4,117	4,169
New Forest	81,017	4,291	5,034	5,514	4,652	3,427	3,725	4,770	5,723	5,726
Rushmoor	45,846	3,265	3,255	2,979	2,879	3,485	4,232	4,316	4,270	3,369
Test Valley	53,896	3,275	3,820	3,973	3,285	2,711	2,942	3,911	4,562	4,290
Winchester	52,563	3,005	3,282	3,434	3,873	3,168	3,139	3,455	3,837	3,923
Kent	**643,932**	**40,033**	**44,580**	**45,534**	**41,430**	**34,948**	**36,908**	**45,575**	**50,112**	**45,854**
Ashford	49,955	3,334	3,567	3,474	2,989	2,530	2,815	3,750	3,966	3,705
Canterbury	64,132	3,507	3,971	4,395	4,884	5,351	3,599	4,166	4,277	4,045
Dartford	42,113	2,868	3,068	2,901	2,488	2,490	2,987	3,629	3,716	2,998
Dover	50,243	2,969	3,409	3,577	3,392	2,644	2,521	3,158	3,737	3,574
Gravesham	46,874	3,043	3,439	3,485	2,981	2,420	2,901	3,544	3,810	3,497
Maidstone	68,366	4,077	4,571	4,687	4,272	3,801	4,245	4,997	5,412	5,028
Sevenoaks	52,884	3,275	3,594	3,740	3,217	2,345	2,680	3,337	4,183	3,999
Shepway	46,055	2,706	3,194	3,067	2,688	2,305	2,439	3,227	3,419	3,142
Swale	60,558	3,910	4,352	4,392	3,972	3,331	3,689	4,451	4,943	4,217
Thanet	59,978	3,696	4,170	4,449	3,986	2,870	2,964	3,756	4,126	3,848
Tonbridge and Malling	52,641	3,437	3,764	3,891	3,480	2,301	2,936	3,853	4,433	4,055
Tunbridge Wells	50,133	3,211	3,481	3,476	3,081	2,560	3,132	3,707	4,090	3,746
Oxfordshire	**299,283**	**18,230**	**19,165**	**19,692**	**20,115**	**22,438**	**20,456**	**24,065**	**25,277**	**21,931**
Cherwell	65,170	4,466	4,447	4,309	3,804	3,620	4,647	5,685	6,113	5,056
Oxford	66,306	3,288	3,407	3,679	5,564	10,561	6,165	5,482	4,906	3,957
South Oxfordshire	63,205	4,104	4,135	4,320	3,900	2,935	3,689	5,056	5,501	4,900
Vale of White Horse	57,514	3,436	3,920	4,133	4,042	3,008	3,275	4,110	4,694	4,404
West Oxfordshire	47,088	2,936	3,256	3,251	2,805	2,314	2,680	3,732	4,063	3,614
Surrey	**516,537**	**32,378**	**33,814**	**33,784**	**30,704**	**28,007**	**32,174**	**38,812**	**43,460**	**39,202**
Elmbridge	58,855	4,188	4,241	3,959	3,094	2,499	3,243	4,290	5,264	4,734
Epsom and Ewell	32,436	1,994	2,070	2,120	2,049	1,581	1,928	2,386	2,573	2,460
Guildford	64,004	3,737	3,781	3,907	4,477	5,016	4,973	4,990	5,110	4,539
Mole Valley	38,987	2,403	2,512	2,447	2,159	1,679	2,017	2,483	3,091	2,941
Reigate and Banstead	62,103	4,082	3,970	4,284	3,368	3,169	4,148	4,977	5,304	4,729
Runnymede	37,970	2,191	2,368	2,159	2,182	3,104	2,532	2,946	3,214	2,808
Spelthorne	44,361	2,635	2,873	2,748	2,395	2,292	2,936	3,595	3,944	3,344
Surrey Heath	39,693	2,569	2,801	2,696	2,410	1,850	2,339	2,980	3,624	3,164
Tandridge	38,177	2,405	2,519	2,674	2,224	1,693	1,861	2,635	3,091	3,010
Waverley	56,087	3,316	3,597	3,878	3,861	2,828	2,991	3,809	4,371	4,143
Woking	43,864	2,858	3,082	2,912	2,485	2,296	3,206	3,721	3,874	3,330
West Sussex	**360,626**	**21,625**	**23,657**	**24,207**	**21,981**	**17,454**	**19,408**	**24,426**	**28,559**	**25,953**
Adur	28,403	1,676	1,806	1,943	1,887	1,326	1,427	1,795	2,168	1,905
Arun	66,228	3,546	3,977	4,164	3,555	3,019	3,197	3,988	4,764	4,243
Chichester	50,291	2,717	3,167	3,169	3,085	2,504	2,393	2,768	3,457	3,351
Crawley	48,935	3,412	3,498	3,180	3,117	3,048	3,592	4,277	4,306	3,711
Horsham	59,307	3,711	4,184	4,236	3,638	2,509	2,897	3,986	5,029	4,808
Mid Sussex	61,712	3,852	4,106	4,528	4,203	2,766	3,130	4,239	5,079	4,699
Worthing	45,750	2,711	2,919	2,987	2,496	2,282	2,772	3,373	3,756	3,236

				Age in years						
45 – 49	50 — 54	55 – 59	60 – 64	65 – 69	70 – 74	75 – 79	80 – 84	85 – 89	90 and over	Area
l	m	n	o	p	q	r	s	t	u	a
16,394	17,594	14,837	11,791	10,315	7,961	5,852	3,501	1,830	756	**Buckinghamshire**
5,750	5,985	4,901	3,727	3,241	2,385	1,788	1,041	519	224	Aylesbury Vale
3,145	3,565	3,113	2,402	2,203	1,736	1,246	785	358	171	Chiltern
2,173	2,372	2,013	1,788	1,538	1,242	918	548	322	126	South Bucks
5,326	5,672	4,810	3,874	3,333	2,598	1,900	1,127	631	235	Wycombe
15,176	17,421	15,201	12,879	12,474	11,559	9,774	6,675	3,637	1,472	**East Sussex**
2,468	2,737	2,330	2,179	2,045	2,116	1,854	1,371	796	352	Eastbourne
2,791	3,038	2,454	1,936	1,758	1,556	1,270	842	410	160	Hastings
2,974	3,335	2,909	2,388	2,424	2,215	1,848	1,230	701	241	Lewes
2,393	3,035	2,725	2,532	2,581	2,447	2,298	1,508	779	367	Rother
4,550	5,276	4,783	3,844	3,666	3,225	2,504	1,724	951	352	Wealden
40,846	45,719	37,606	30,359	26,782	23,238	17,357	10,725	5,250	2,021	**Hampshire**
5,131	5,833	4,497	3,508	2,790	2,267	1,588	897	425	161	Basingstoke and Deane
3,828	4,263	3,471	2,713	2,345	1,987	1,455	934	490	186	East Hampshire
4,093	4,222	3,396	2,730	2,264	2,020	1,533	877	430	140	Eastleigh
3,536	4,051	3,348	2,847	2,617	2,200	1,613	1,005	455	188	Fareham
2,215	2,498	1,993	1,629	1,567	1,383	1,023	646	328	123	Gosport
2,899	3,252	2,721	2,144	1,632	1,241	916	503	252	104	Hart
3,754	4,076	3,588	3,061	2,933	2,745	1,951	1,133	544	190	Havant
5,453	6,219	5,518	4,676	4,526	4,230	3,651	2,358	1,107	417	New Forest
2,758	2,987	2,115	1,690	1,377	1,101	848	529	291	100	Rushmoor
3,642	4,141	3,578	2,775	2,329	1,949	1,323	822	406	162	Test Valley
3,537	4,177	3,381	2,586	2,402	2,115	1,456	1,021	522	250	Winchester
41,486	48,256	40,296	33,675	29,686	25,374	19,531	12,642	5,892	2,120	**Kent**
3,188	3,822	3,124	2,569	2,246	1,806	1,481	987	459	143	Ashford
3,799	4,405	3,809	3,345	2,951	2,713	2,317	1,556	757	285	Canterbury
2,635	2,805	2,279	1,986	1,709	1,520	1,058	609	278	89	Dartford
3,283	3,766	3,331	2,787	2,443	2,107	1,669	1,152	524	200	Dover
3,058	3,352	2,695	2,379	2,204	1,814	1,177	665	299	111	Gravesham
4,610	5,451	4,495	3,558	2,970	2,444	1,812	1,192	562	182	Maidstone
3,724	4,382	3,543	2,868	2,596	2,151	1,585	1,038	453	174	Sevenoaks
2,846	3,485	2,990	2,605	2,315	2,062	1,698	1,090	574	203	Shepway
3,974	4,580	3,788	3,087	2,603	2,200	1,561	934	429	145	Swale
3,596	4,259	3,868	3,243	3,005	2,877	2,531	1,678	781	275	Thanet
3,468	4,035	3,304	2,653	2,489	1,882	1,333	857	351	119	Tonbridge and Malling
3,305	3,914	3,070	2,595	2,155	1,798	1,309	884	425	194	Tunbridge Wells
19,294	20,528	16,514	13,687	11,990	10,131	7,886	4,716	2,273	895	**Oxfordshire**
4,386	4,580	3,557	2,890	2,499	2,032	1,540	929	458	152	Cherwell
3,392	3,379	2,636	2,373	2,233	2,007	1,678	935	472	192	Oxford
4,403	4,689	3,926	3,195	2,768	2,195	1,727	1,045	511	206	South Oxfordshire
3,973	4,361	3,498	2,868	2,470	2,112	1,611	984	431	184	Vale of White Horse
3,140	3,519	2,897	2,361	2,020	1,785	1,330	823	401	161	West Oxfordshire
36,062	38,960	32,007	25,032	22,339	19,022	14,830	9,321	4,794	1,835	**Surrey**
4,361	4,431	3,606	2,685	2,445	2,141	1,769	1,132	562	211	Elmbridge
2,294	2,615	2,083	1,608	1,415	1,200	972	627	333	128	Epsom and Ewell
4,209	4,581	3,568	2,876	2,580	2,226	1,641	1,002	582	209	Guildford
2,788	3,085	2,751	2,123	2,036	1,665	1,336	819	447	205	Mole Valley
4,339	4,814	3,599	2,858	2,440	2,250	1,748	1,166	610	248	Reigate and Banstead
2,482	2,600	2,324	1,766	1,640	1,456	1,079	710	296	113	Runnymede
2,938	3,174	2,704	2,292	2,087	1,792	1,376	771	359	106	Spelthorne
2,855	3,046	2,586	2,034	1,755	1,287	859	500	244	94	Surrey Heath
2,805	3,091	2,581	1,930	1,622	1,537	1,169	785	404	141	Tandridge
3,865	4,412	3,733	2,917	2,578	2,070	1,696	1,131	638	253	Waverley
3,126	3,111	2,472	1,943	1,741	1,398	1,185	678	319	127	Woking
24,192	26,463	21,983	18,474	17,494	16,176	13,322	8,661	4,707	1,884	**West Sussex**
1,793	2,046	1,900	1,535	1,449	1,354	1,152	732	372	137	Adur
4,111	4,711	4,345	3,937	3,851	3,754	3,198	2,159	1,211	498	Arun
3,382	3,780	3,384	3,017	2,868	2,656	2,153	1,404	740	296	Chichester
3,274	3,087	2,129	1,746	1,945	1,747	1,425	949	395	97	Crawley
4,321	4,766	3,623	2,931	2,651	2,254	1,813	1,086	595	269	Horsham
4,553	4,886	4,011	3,065	2,660	2,323	1,737	1,041	596	238	Mid Sussex
2,758	3,187	2,591	2,243	2,070	2,088	1,844	1,290	798	349	Worthing

Table **P6**

Population at Census Day 2001: Local Authority Districts and Other Geographies - *continued*

Males

Area	All	0 – 4	5 – 9	10 – 14	15 – 19	20 – 24	25 – 29	30 – 34	35 – 39	40 – 44
a	b	c	d	e	f	g	h	i	j	k
SOUTH WEST	2,396,491	138,137	150,710	161,420	151,925	136,168	140,875	169,051	182,410	166,623
Bath and North East Somerset UA	82,146	4,640	4,815	5,226	5,793	6,049	4,965	5,822	6,237	5,620
Bournemouth UA	78,436	4,309	4,399	4,444	4,566	6,423	5,949	5,925	5,845	5,103
Bristol, City of UA	185,656	11,925	11,145	11,807	12,558	17,336	15,812	15,135	14,911	12,416
North Somerset UA	91,623	5,371	5,765	6,155	5,640	3,982	4,596	6,258	7,087	6,322
Plymouth UA	117,558	6,756	7,534	8,395	8,714	9,125	7,394	9,027	9,221	8,317
Poole UA	66,062	3,596	4,047	4,472	3,903	3,114	3,786	4,857	5,120	4,628
South Gloucestershire UA	121,446	7,894	8,529	8,404	7,618	6,180	7,613	9,780	10,771	9,178
Swindon UA	89,559	5,737	6,173	6,261	5,314	5,161	7,056	7,801	8,150	7,089
Torbay UA	61,781	3,242	3,716	4,309	3,763	2,839	3,218	4,000	4,274	3,921
Cornwall and Isles of Scilly	242,480	13,579	14,654	16,319	14,844	11,541	12,404	14,856	16,990	16,153
Caradon	38,576	1,968	2,330	2,646	2,541	1,694	1,827	2,240	2,775	2,791
Carrick	41,906	2,290	2,506	2,751	2,613	2,180	2,178	2,501	2,763	2,727
Kerrier	45,089	2,708	2,744	3,005	2,698	2,285	2,415	2,978	3,254	3,025
North Cornwall	39,072	2,220	2,439	2,635	2,339	1,691	1,913	2,287	2,735	2,598
Penwith	30,184	1,652	1,797	2,014	1,799	1,310	1,452	1,744	2,008	1,963
Restormel	46,581	2,691	2,792	3,211	2,801	2,311	2,550	3,038	3,373	2,980
Isles of Scilly*	1,072	50	46	57	53	70	69	68	82	69
Devon	340,054	17,805	20,848	22,273	21,630	18,759	17,963	20,934	23,432	22,718
East Devon	59,202	2,870	3,325	3,550	3,593	2,706	2,783	3,120	3,550	3,619
Exeter	53,971	2,888	3,148	3,171	4,110	5,731	4,338	4,096	4,044	3,533
Mid Devon	34,100	1,945	2,326	2,325	2,155	1,476	1,780	2,238	2,431	2,439
North Devon	42,502	2,272	2,726	2,957	2,455	2,102	2,341	2,556	2,873	2,841
South Hams	39,592	2,005	2,486	2,746	2,483	1,798	1,630	2,215	2,712	2,784
Teignbridge	57,924	3,232	3,590	4,011	3,488	2,539	2,488	3,586	4,272	3,939
Torridge	28,829	1,430	1,790	1,912	1,845	1,320	1,414	1,712	1,910	1,844
West Devon	23,934	1,163	1,457	1,601	1,501	1,087	1,189	1,411	1,640	1,719
Dorset	188,786	9,483	11,258	12,718	11,904	8,235	8,583	11,102	12,874	12,936
Christchurch	21,128	994	1,171	1,268	1,063	845	902	1,179	1,411	1,294
East Dorset	39,979	1,899	2,353	2,594	2,273	1,531	1,483	2,038	2,530	2,712
North Dorset	30,818	1,666	1,929	2,330	2,506	1,698	1,578	1,969	2,151	2,082
Purbeck	21,522	1,054	1,417	1,454	1,316	891	908	1,285	1,497	1,544
West Dorset	44,071	2,246	2,516	3,009	2,662	1,649	1,941	2,443	2,954	3,008
Weymouth and Portland	31,268	1,624	1,872	2,063	2,084	1,621	1,771	2,188	2,331	2,296
Gloucestershire	275,542	16,586	18,176	19,033	16,750	14,622	16,003	20,506	21,718	19,829
Cheltenham	53,394	2,988	3,093	3,493	3,355	4,181	3,791	4,356	4,379	3,715
Cotswold	39,064	2,273	2,481	2,523	2,164	1,782	1,961	2,548	2,838	2,879
Forest of Dean	39,016	2,292	2,578	2,743	2,375	1,791	2,045	2,743	2,903	2,680
Gloucester	54,012	3,750	4,014	3,882	3,480	2,880	3,452	4,483	4,696	3,976
Stroud	52,914	3,120	3,664	3,821	3,272	2,364	2,715	3,652	3,968	3,819
Tewkesbury	37,142	2,163	2,346	2,571	2,104	1,624	2,039	2,724	2,934	2,760
Somerset	241,963	13,694	15,234	17,197	16,017	11,438	12,626	16,587	18,049	16,558
Mendip	50,723	2,921	3,247	3,931	3,711	2,209	2,535	3,618	4,003	3,527
Sedgemoor	51,583	2,951	3,319	3,701	3,326	2,326	2,492	3,459	3,973	3,566
South Somerset	73,809	4,345	4,612	5,040	4,582	3,627	4,099	5,173	5,471	5,064
Taunton Deane	49,207	2,730	3,160	3,531	3,380	2,549	2,850	3,505	3,582	3,385
West Somerset	16,641	747	896	994	1,018	727	650	832	1,020	1,016
Wiltshire	213,399	13,520	14,417	14,407	12,911	11,364	12,907	16,461	17,731	15,835
Kennet	37,536	2,376	2,419	2,443	2,659	2,310	2,360	2,782	3,137	2,820
North Wiltshire	62,035	4,099	4,500	4,338	3,507	3,098	3,733	4,831	5,595	4,863
Salisbury	56,120	3,434	3,579	3,717	3,331	3,172	3,451	4,243	4,506	4,067
West Wiltshire	57,708	3,611	3,919	3,909	3,414	2,784	3,363	4,605	4,493	4,085

* The Isles of Scilly, which are separately administered by an Isles of Scilly Council, do not form part of the
county of Cornwall but are usually associated with the county.

45 – 49	50 — 54	55 – 59	60 – 64	65 – 69	70 – 74	75 – 79	80 – 84	85 – 89	90 and over	Age in years Area
l	m	n	o	p	q	r	s	t	u	a
155,220	176,489	152,309	127,944	114,837	103,229	82,935	50,723	25,596	9,890	SOUTH WEST
5,470	5,866	4,905	4,034	3,658	3,312	2,952	1,651	830	301	Bath and North East Somerset UA
4,496	5,093	4,495	3,738	3,484	3,365	3,121	2,073	1,092	516	Bournemouth UA
11,037	11,262	9,230	7,835	6,656	6,310	5,101	3,155	1,509	516	Bristol, City of UA
6,452	7,241	6,442	5,082	4,386	3,949	3,431	2,032	1,032	400	North Somerset UA
7,198	7,860	6,787	5,521	4,980	4,202	3,268	1,971	941	347	Plymouth UA
4,269	4,775	4,216	3,593	3,212	3,118	2,538	1,686	804	328	Poole UA
7,902	8,626	7,565	6,038	5,193	4,272	3,101	1,695	793	294	South Gloucestershire UA
5,806	5,720	4,614	3,987	3,430	2,985	2,374	1,202	529	170	Swindon UA
3,925	4,500	4,342	3,728	3,362	3,093	2,474	1,690	958	427	Torbay UA
15,561	20,019	17,639	14,927	13,239	11,562	8,818	5,507	2,758	1,110	Cornwall and Isles of Scilly
2,661	3,306	2,902	2,305	2,038	1,762	1,349	883	389	169	Caradon
2,682	3,376	2,967	2,495	2,325	2,085	1,693	1,012	539	223	Carrick
2,773	3,611	3,240	2,746	2,425	2,048	1,527	953	475	179	Kerrier
2,428	3,164	2,842	2,578	2,217	1,987	1,501	860	456	182	North Cornwall
1,919	2,757	2,293	1,910	1,655	1,503	1,125	783	360	140	Penwith
3,021	3,716	3,309	2,827	2,524	2,121	1,585	989	529	213	Restormel
77	89	86	66	55	56	38	27	10	4	Isles of Scilly*
22,063	26,311	23,377	19,883	18,191	16,450	13,280	8,146	4,285	1,706	Devon
3,558	4,396	4,231	3,814	3,649	3,663	3,174	2,020	1,109	472	East Devon
3,203	3,538	2,758	2,459	2,082	1,828	1,478	919	471	176	Exeter
2,303	2,731	2,369	1,965	1,721	1,558	1,099	696	378	165	Mid Devon
2,806	3,441	3,037	2,528	2,408	2,026	1,546	938	491	158	North Devon
2,796	3,314	2,913	2,392	2,158	1,957	1,530	940	522	211	South Hams
3,822	4,499	4,004	3,290	3,232	2,910	2,492	1,504	725	301	Teignbridge
1,887	2,443	2,142	1,899	1,640	1,429	1,115	634	343	120	Torridge
1,688	1,949	1,923	1,536	1,301	1,079	846	495	246	103	West Devon
12,269	14,138	12,992	11,104	11,033	10,328	8,467	5,495	2,841	1,026	Dorset
1,205	1,444	1,404	1,338	1,414	1,418	1,286	871	454	167	Christchurch
2,655	3,155	2,907	2,451	2,618	2,447	2,086	1,339	671	237	East Dorset
1,922	2,175	1,909	1,611	1,518	1,414	1,111	757	376	116	North Dorset
1,426	1,672	1,601	1,270	1,234	1,129	876	558	282	108	Purbeck
2,929	3,366	3,037	2,698	2,742	2,570	2,050	1,306	690	255	West Dorset
2,132	2,326	2,134	1,736	1,507	1,350	1,058	664	368	143	Weymouth and Portland
18,845	20,681	17,241	14,340	12,349	11,058	8,932	5,309	2,610	954	Gloucestershire
3,414	3,502	2,872	2,537	2,175	1,999	1,759	1,071	515	199	Cheltenham
2,789	3,272	2,672	2,092	1,993	1,798	1,473	897	475	154	Cotswold
2,736	3,210	2,711	2,347	1,919	1,555	1,222	726	319	121	Forest of Dean
3,497	3,541	2,906	2,389	2,122	2,000	1,551	864	404	125	Gloucester
3,835	4,271	3,574	2,856	2,368	2,168	1,684	1,002	541	220	Stroud
2,574	2,885	2,506	2,119	1,772	1,538	1,243	749	356	135	Tewkesbury
15,829	18,751	15,661	13,413	12,063	11,098	8,734	5,266	2,709	1,039	Somerset
3,499	4,015	3,284	2,657	2,298	1,962	1,647	959	509	191	Mendip
3,329	4,100	3,414	2,952	2,599	2,418	1,840	1,099	516	203	Sedgemoor
4,773	5,618	4,744	4,030	3,648	3,485	2,677	1,671	847	303	South Somerset
3,172	3,729	2,986	2,534	2,413	2,185	1,727	1,038	524	227	Taunton Deane
1,056	1,289	1,233	1,240	1,105	1,048	843	499	313	115	West Somerset
14,098	15,646	12,803	10,721	9,601	8,127	6,344	3,845	1,905	756	Wiltshire
2,467	2,677	2,139	1,878	1,608	1,344	1,014	650	325	128	Kennet
4,232	4,613	3,777	2,904	2,530	2,107	1,661	993	464	190	North Wiltshire
3,640	4,021	3,323	2,828	2,731	2,382	1,812	1,091	571	221	Salisbury
3,759	4,335	3,564	3,111	2,732	2,294	1,857	1,111	545	217	West Wiltshire

Table **P6**

Population at Census Day 2001: Local Authority Districts and Other Geographies - *continued*

Males

Area	All	0 – 4	5 – 9	10 – 14	15 – 19	20 – 24	25 – 29	30 – 34	35 – 39	40 – 44
a	b	c	d	e	f	g	h	i	j	k
WALES	**1,403,900**	**86,109**	**94,756**	**100,986**	**93,186**	**84,384**	**81,244**	**95,545**	**103,814**	**95,610**
Blaenau Gwent	34,014	1,957	2,470	2,578	2,316	1,764	2,058	2,402	2,642	2,212
Bridgend	62,512	3,864	4,181	4,500	3,900	3,455	3,815	4,660	4,993	4,534
Caerphilly	82,592	5,576	5,764	6,399	5,418	4,496	5,447	6,119	6,314	5,690
Cardiff	145,771	9,689	10,230	10,520	10,651	13,081	10,521	11,007	11,036	9,772
Carmarthenshire	83,544	4,895	5,472	5,858	5,285	4,212	4,318	5,162	5,685	5,547
Ceredigion	36,778	1,836	2,161	2,202	2,705	3,381	1,764	2,139	2,275	2,353
Conwy	52,161	2,852	3,124	3,640	3,183	2,470	2,599	3,306	3,568	3,368
Denbighshire	44,559	2,675	2,879	3,201	2,847	2,267	2,354	2,870	3,190	2,821
Flintshire	72,875	4,551	4,860	5,220	4,792	4,112	4,540	5,466	5,916	5,101
Gwynedd	56,023	3,513	3,674	3,706	3,585	3,729	3,250	3,447	3,833	3,500
Isle of Anglesey	32,359	1,856	2,150	2,280	1,945	1,687	1,732	2,032	2,159	2,157
Merthyr Tydfil	26,924	1,658	1,956	2,133	1,893	1,464	1,501	1,872	2,031	1,927
Monmouthshire	41,442	2,275	2,861	3,010	2,588	1,729	2,006	2,596	3,315	2,965
Neath Port Talbot	64,959	3,675	4,351	4,595	4,267	3,468	3,505	4,357	4,893	4,802
Newport	65,786	4,581	4,858	5,153	4,398	3,563	3,616	4,808	4,980	4,698
Pembrokeshire	54,453	3,513	3,731	3,853	3,408	2,549	2,549	3,204	3,719	3,607
Powys	62,497	3,568	4,095	4,293	3,828	2,658	3,145	3,874	4,491	4,089
Rhondda, Cynon, Taff	112,454	7,136	7,671	8,510	7,512	7,231	6,957	7,954	8,482	7,512
Swansea	108,095	6,123	6,818	7,324	7,444	8,040	6,098	7,057	7,860	7,550
Torfaen	44,020	2,680	3,253	3,345	3,067	2,197	2,539	2,904	3,412	3,119
The Vale of Glamorgan	57,356	3,730	4,141	4,339	3,978	2,808	2,903	3,649	4,225	4,126
Wrexham	62,726	3,906	4,056	4,327	4,176	4,023	4,027	4,660	4,795	4,160
SCOTLAND	**2,432,494**	**142,360**	**157,030**	**165,583**	**160,935**	**157,116**	**154,112**	**184,674**	**194,618**	**184,176**
NORTHERN IRELAND	**821,449**	**59,213**	**63,147**	**68,014**	**65,598**	**54,913**	**56,628**	**62,487**	**63,430**	**57,432**

				Age in years							
45 – 49	50 —54	55 – 59	60 – 64	65 – 69	70 – 74	75 – 79	80 – 84	85 – 89	90 and over		Area
l	m	n	o	p	q	r	s	t	u		a
90,854	**103,262**	**87,520**	**75,175**	**66,318**	**57,236**	**45,805**	**26,294**	**11,605**	**4,197**	**WALES**	
2,088	2,523	2,232	1,874	1,607	1,294	1,094	588	231	84	Blaenau Gwent	
4,024	4,497	3,905	3,312	2,910	2,366	1,936	1,082	426	152	Bridgend	
5,251	6,052	5,001	4,241	3,596	3,006	2,340	1,236	494	152	Caerphilly	
8,876	9,147	6,881	6,052	5,436	4,895	4,110	2,427	1,038	402	Cardiff	
5,678	6,396	5,879	4,859	4,423	3,927	3,109	1,827	759	253	Carmarthenshire	
2,347	2,886	2,508	2,068	1,989	1,494	1,394	792	359	125	Ceredigion	
3,214	3,791	3,444	3,143	3,070	2,774	2,246	1,368	705	296	Conwy	
2,832	3,488	2,875	2,581	2,256	2,021	1,600	1,061	532	209	Denbighshire	
4,649	5,681	4,561	3,977	3,088	2,620	1,914	1,125	504	198	Flintshire	
3,559	4,157	3,813	3,188	2,885	2,509	1,907	1,050	527	191	Gwynedd	
2,217	2,460	2,377	1,998	1,720	1,448	1,080	642	310	109	Isle of Anglesey	
1,752	1,929	1,650	1,478	1,228	1,029	779	414	175	55	Merthyr Tydfil	
2,925	3,378	2,922	2,348	2,116	1,734	1,338	794	389	153	Monmouthshire	
4,449	4,819	4,006	3,561	3,154	2,836	2,190	1,305	548	178	Neath Port Talbot	
4,101	4,679	3,833	3,329	2,918	2,529	1,921	1,165	488	168	Newport	
3,593	4,215	3,678	3,486	3,046	2,602	1,931	1,132	472	165	Pembrokeshire	
4,333	4,901	4,375	3,676	3,356	2,957	2,505	1,450	640	263	Powys	
7,021	8,245	6,851	5,837	5,022	4,266	3,443	1,829	730	245	Rhondda, Cynon, Taff	
6,901	7,584	6,255	5,751	5,320	4,645	3,882	2,122	978	343	Swansea	
2,943	3,300	2,790	2,203	1,969	1,689	1,481	713	304	112	Torfaen	
3,942	4,392	3,627	3,030	2,551	2,251	1,872	1,128	482	182	The Vale of Glamorgan	
4,159	4,742	4,057	3,183	2,658	2,344	1,733	1,044	514	162	Wrexham	
166,925	**174,118**	**140,835**	**124,651**	**110,009**	**90,053**	**66,057**	**36,355**	**16,661**	**6,226**	**SCOTLAND**	
51,686	**48,484**	**43,585**	**35,401**	**30,406**	**25,069**	**18,562**	**11,090**	**4,707**	**1,597**	**NORTHERN IRELAND**	

Table P7

Population at Census Day 2001: Local Authority Districts and Other Geographies

Females

Area	All	0 – 4	5 – 9	10 – 14	15 – 19	20 – 24	25 – 29	30 – 34	35 – 39	40 – 44
a	b	c	d	e	f	g	h	i	j	k
UNITED KINGDOM	30,207,961	1,700,433	1,823,295	1,892,919	1,793,277	1,780,734	1,971,572	2,293,711	2,348,011	2,094,950
ENGLAND AND WALES	26,714,626	1,509,894	1,613,284	1,670,982	1,573,336	1,568,991	1,750,305	2,031,261	2,073,466	1,841,313
ENGLAND	25,215,441	1,428,106	1,522,714	1,575,991	1,481,811	1,483,881	1,665,201	1,928,508	1,965,106	1,741,437
NORTH EAST	1,296,877	67,532	76,483	81,951	81,434	75,024	76,056	91,956	99,560	93,188
Darlington UA	50,874	2,888	3,002	3,242	2,878	2,499	3,050	3,694	3,907	3,641
Hartlepool UA	46,054	2,622	3,046	3,191	2,958	2,420	2,517	3,359	3,685	3,244
Middlesbrough UA	70,164	4,113	4,660	4,968	5,143	4,720	4,278	4,910	5,426	5,008
Redcar and Cleveland UA	72,042	3,662	4,448	4,883	4,581	3,627	3,837	4,995	5,534	4,880
Stockton-on-Tees UA	91,284	4,915	5,753	6,242	5,959	4,914	5,479	6,793	7,559	6,898
Durham	253,572	12,843	14,832	15,367	15,472	14,426	14,256	18,188	19,426	17,919
Chester-le-Street	27,613	1,479	1,679	1,633	1,518	1,208	1,601	2,220	2,327	2,016
Derwentside	43,802	2,311	2,510	2,675	2,399	2,120	2,545	3,164	3,303	3,179
Durham	44,539	1,971	2,187	2,349	3,682	4,381	2,590	3,009	3,216	2,924
Easington	48,456	2,645	3,080	3,147	2,925	2,572	2,697	3,585	3,717	3,435
Sedgefield	44,923	2,278	2,750	2,851	2,564	2,235	2,579	3,213	3,485	3,255
Teesdale	12,332	527	685	717	602	472	565	741	913	873
Wear Valley	31,907	1,632	1,941	1,995	1,782	1,438	1,679	2,256	2,465	2,237
Northumberland	157,231	7,731	8,895	9,588	9,104	6,840	7,903	10,364	11,768	11,684
Alnwick	15,982	784	887	929	843	588	731	1,010	1,184	1,208
Berwick upon Tweed	13,478	581	667	768	685	500	598	788	918	959
Blyth Valley	41,697	2,229	2,540	2,650	2,655	2,212	2,554	3,069	3,075	3,028
Castle Morpeth	24,645	1,099	1,347	1,464	1,451	920	935	1,343	1,817	1,969
Tynedale	30,169	1,422	1,713	1,949	1,714	1,068	1,215	1,798	2,329	2,393
Wansbeck	31,260	1,616	1,741	1,828	1,756	1,552	1,870	2,356	2,445	2,127
Tyne and Wear (Met County)	555,656	28,758	31,847	34,470	35,339	35,578	34,736	39,653	42,255	39,914
Gateshead	98,734	5,257	5,705	5,914	5,880	4,982	6,031	7,250	7,736	7,162
Newcastle upon Tyne	134,078	6,921	7,341	7,787	9,413	12,474	9,364	9,534	9,646	9,489
North Tyneside	99,948	5,085	5,736	6,051	5,604	4,939	5,920	7,253	7,705	7,174
South Tyneside	78,714	4,076	4,606	5,236	4,876	3,969	4,451	5,364	6,285	5,792
Sunderland	144,182	7,419	8,459	9,482	9,566	9,214	8,970	10,252	10,883	10,297
NORTH WEST	3,470,739	192,695	213,656	227,929	215,595	198,851	212,987	254,673	265,036	238,558
Blackburn with Darwen UA	70,166	5,151	5,204	5,352	4,857	4,263	4,776	5,303	5,232	4,569
Blackpool UA	73,548	3,798	4,146	4,261	3,932	3,524	4,210	5,247	5,304	4,509
Halton UA	61,080	3,553	3,826	4,336	4,187	3,512	3,966	4,473	4,718	4,440
Warrington UA	97,200	5,817	6,072	6,408	5,806	4,771	5,863	7,810	8,402	6,969
Cheshire	345,751	18,573	20,444	21,254	19,507	16,341	19,559	25,276	27,276	24,307
Chester	61,241	3,091	3,350	3,494	3,554	3,778	3,899	4,401	4,559	4,093
Congleton	46,171	2,423	2,676	2,788	2,618	2,159	2,550	3,367	3,613	3,305
Crewe and Nantwich	56,634	3,274	3,671	3,481	3,362	2,835	3,322	4,217	4,499	3,790
Ellesmere Port & Neston	41,843	2,317	2,547	2,693	2,395	1,917	2,368	3,158	3,366	2,949
Macclesfield	77,636	4,001	4,293	4,674	4,056	2,933	3,922	5,456	6,223	5,647
Vale Royal	62,226	3,467	3,907	4,124	3,522	2,719	3,498	4,677	5,016	4,523
Cumbria	249,698	12,249	14,222	15,030	13,938	11,038	13,612	17,192	18,305	17,459
Allerdale	47,931	2,357	2,762	2,892	2,575	1,995	2,551	3,381	3,446	3,313
Barrow-in-Furness	36,889	1,951	2,419	2,432	2,209	1,659	2,204	2,721	2,738	2,422
Carlisle	52,005	2,610	2,978	3,076	2,994	2,756	3,102	3,550	3,825	3,759
Copeland	34,774	1,818	1,989	2,299	2,024	1,601	2,000	2,515	2,744	2,533
Eden	25,283	1,244	1,421	1,475	1,345	965	1,270	1,688	1,832	1,844
South Lakeland	52,816	2,269	2,653	2,856	2,791	2,062	2,485	3,337	3,720	3,588
Greater Manchester (Met County)	1,274,111	74,711	80,700	85,230	79,825	80,378	85,137	98,438	97,988	85,682
Bolton	133,936	8,160	8,745	9,261	8,070	7,501	8,751	10,152	10,275	9,085
Bury	92,659	5,527	6,005	6,244	5,310	4,505	5,934	7,042	7,575	6,385
Manchester	201,280	12,142	12,329	13,514	15,083	22,721	16,732	15,949	14,317	12,012
Oldham	112,299	7,374	7,546	7,653	7,140	6,284	7,225	8,520	8,533	7,448
Rochdale	105,583	6,776	7,106	7,541	6,789	5,809	6,838	7,930	7,906	7,341
Salford	109,906	5,923	6,947	6,978	7,170	7,638	7,218	8,166	7,996	7,088
Stockport	147,237	8,079	8,781	9,655	8,260	6,819	8,714	11,368	11,633	10,448
Tameside	109,679	6,340	6,959	7,633	6,567	5,856	6,977	8,921	8,749	7,518
Trafford	107,977	5,805	6,462	6,869	6,451	5,174	6,767	8,214	8,970	7,950
Wigan	153,555	8,585	9,820	9,882	8,985	8,071	9,981	12,176	12,034	10,407

					Age in years						
45 – 49	50 —54	55 – 59	60 – 64	65 – 69	70 – 74	75 – 79	80 – 84	85 – 89	90 and over		Area
l	m	n	o	p	q	r	s	t	u		a
1,884,500	2,037,213	1,687,444	1,470,272	1,355,461	1,280,080	1,149,218	830,850	525,954	288,067		**UNITED KINGDOM**
1,663,178	1,810,282	1,495,133	1,295,004	1,191,419	1,130,433	1,021,772	743,017	471,965	259,591		**ENGLAND AND WALES**
1,569,539	1,705,207	1,405,809	1,217,259	1,119,276	1,061,938	957,746	696,938	444,524	244,450		**ENGLAND**
83,795	89,063	70,901	67,567	63,420	59,868	52,063	35,577	20,558	10,881		**NORTH EAST**
3,271	3,572	2,719	2,650	2,351	2,325	2,202	1,505	961	517		**Darlington UA**
2,900	3,058	2,336	2,422	2,343	2,036	1,770	1,196	632	319		**Hartlepool UA**
4,420	4,226	3,269	3,284	3,197	2,946	2,547	1,642	928	479		**Middlesbrough UA**
4,583	5,122	4,370	4,021	3,451	3,300	2,978	2,037	1,172	561		**Redcar and Cleveland UA**
6,037	6,298	4,795	4,414	4,278	3,793	3,260	2,186	1,139	572		**Stockton-on-Tees UA**
16,469	18,294	15,003	13,587	12,558	11,593	10,057	6,999	4,115	2,168		**Durham**
1,852	2,027	1,733	1,526	1,356	1,194	938	659	430	217		Chester-le-Street
2,886	3,121	2,555	2,362	2,242	1,988	1,842	1,349	814	437		Derwentside
2,843	3,248	2,541	2,267	1,945	1,838	1,515	1,062	665	306		Durham
2,929	3,118	2,823	2,599	2,581	2,356	1,880	1,278	702	387		Easington
3,038	3,357	2,645	2,390	2,174	2,097	1,874	1,190	610	338		Sedgefield
871	1,022	835	767	686	618	600	426	269	143		Teesdale
2,050	2,401	1,871	1,676	1,574	1,502	1,408	1,035	625	340		Wear Valley
11,199	12,527	9,899	8,870	8,126	7,439	6,547	4,483	2,760	1,504		**Northumberland**
1,107	1,225	1,078	958	916	820	704	496	317	197		Alnwick
871	1,048	928	882	836	777	688	483	323	178		Berwick upon Tweed
3,054	3,411	2,427	2,083	1,810	1,619	1,444	974	557	306		Blyth Valley
1,812	2,044	1,684	1,531	1,414	1,270	1,126	722	461	236		Castle Morpeth
2,299	2,473	1,931	1,743	1,560	1,389	1,298	950	592	333		Tynedale
2,056	2,326	1,851	1,673	1,590	1,564	1,287	858	510	254		Wansbeck
34,916	35,966	28,510	28,319	27,116	26,436	22,702	15,529	8,851	4,761		**Tyne and Wear (Met County)**
5,926	6,617	5,560	5,438	5,141	4,781	4,077	2,826	1,637	814		Gateshead
7,854	7,556	5,973	6,225	5,838	6,016	5,296	3,836	2,315	1,200		Newcastle upon Tyne
6,802	6,898	5,328	5,185	4,989	5,032	4,370	3,095	1,748	1,034		North Tyneside
4,930	5,057	4,043	4,067	4,019	4,056	3,629	2,370	1,239	649		South Tyneside
9,404	9,838	7,606	7,404	7,129	6,551	5,330	3,402	1,912	1,064		Sunderland
215,832	236,141	193,217	174,889	159,490	150,599	133,116	95,488	59,617	32,370		**NORTH WEST**
4,171	4,177	3,321	2,960	2,741	2,556	2,315	1,594	1,062	562		**Blackburn with Darwen UA**
4,385	4,998	4,526	4,281	3,862	3,716	3,561	2,663	1,660	965		**Blackpool UA**
4,350	4,548	3,217	2,743	2,534	2,295	1,891	1,377	745	369		**Halton UA**
6,254	6,831	5,731	4,969	3,973	3,751	3,258	2,369	1,386	760		**Warrington UA**
22,671	25,928	21,314	18,575	16,506	15,550	13,497	9,679	6,042	3,452		**Cheshire**
3,920	4,270	3,729	3,269	2,980	2,856	2,484	1,756	1,123	635		Chester
3,154	3,778	3,072	2,461	2,036	1,986	1,702	1,304	761	418		Congleton
3,555	4,057	3,327	2,889	2,626	2,515	2,202	1,550	925	537		Crewe and Nantwich
2,742	2,943	2,396	2,397	2,176	1,882	1,516	1,070	635	376		Ellesmere Port & Neston
5,235	6,108	5,030	4,326	3,916	3,619	3,254	2,363	1,636	944		Macclesfield
4,065	4,772	3,760	3,233	2,772	2,692	2,339	1,636	962	542		Vale Royal
16,482	18,603	15,520	14,229	12,943	12,352	10,853	8,178	4,769	2,724		**Cumbria**
3,252	3,764	3,001	2,768	2,507	2,394	2,069	1,571	819	514		Allerdale
2,320	2,557	2,187	2,004	1,676	1,622	1,463	1,290	689	326		Barrow-in-Furness
3,421	3,607	3,016	2,780	2,710	2,499	2,273	1,570	967	512		Carlisle
2,213	2,492	2,044	2,008	1,752	1,610	1,343	984	523	282		Copeland
1,763	2,025	1,657	1,479	1,355	1,275	1,071	773	476	325		Eden
3,513	4,158	3,615	3,190	2,943	2,952	2,634	1,990	1,295	765		South Lakeland
76,034	83,545	68,508	60,554	54,215	51,194	46,432	33,568	21,008	10,964		**Greater Manchester (Met County)**
7,998	9,187	7,458	6,392	5,578	5,361	5,120	3,490	2,196	1,156		Bolton
5,940	6,610	5,269	4,629	4,085	3,636	3,207	2,313	1,579	864		Bury
9,873	9,837	8,124	7,999	7,234	7,238	6,724	4,740	3,106	1,606		Manchester
6,915	7,565	6,327	5,379	4,571	4,281	3,883	2,888	1,824	943		Oldham
6,969	7,187	5,524	4,619	4,394	4,272	3,674	2,469	1,576	863		Rochdale
6,133	6,851	5,703	5,397	5,126	4,699	4,397	3,455	1,952	1,069		Salford
9,333	10,310	8,500	7,551	6,962	6,628	5,811	4,134	2,769	1,482		Stockport
6,468	7,452	6,067	5,348	4,574	4,423	4,083	2,932	1,864	948		Tameside
7,014	7,268	5,864	5,336	4,901	4,724	4,157	3,135	1,877	1,039		Trafford
9,391	11,278	9,672	7,904	6,790	5,932	5,376	4,012	2,265	994		Wigan

Table **P7**

Population at Census Day 2001: Local Authority Districts and Other Geographies - *continued*

Females

Area	All	\multicolumn{10}{c}{Age in Years}
		0 – 4	5 – 9	10 – 14	15 – 19	20 – 24	25 – 29	30 – 34	35 – 39	40 – 44
a	b	c	d	e	f	g	h	i	j	k
Lancashire	**584,420**	**31,564**	**35,789**	**38,374**	**36,972**	**32,381**	**33,801**	**40,962**	**43,339**	**39,783**
Burnley	46,128	2,707	3,082	3,404	2,947	2,599	2,878	3,246	3,556	3,195
Chorley	50,476	2,712	3,124	3,306	2,944	2,398	3,080	3,745	4,014	3,676
Fylde	38,105	1,723	2,022	2,180	1,843	1,304	1,714	2,415	2,746	2,539
Hyndburn	41,685	2,642	3,023	2,807	2,541	2,177	2,730	3,102	3,117	2,766
Lancaster	69,800	3,517	3,768	4,059	5,193	5,895	3,828	4,697	4,708	4,323
Pendle	45,735	2,860	3,172	3,169	3,022	2,557	2,720	3,127	3,330	3,138
Preston	66,519	3,767	4,125	4,476	5,054	5,349	4,758	4,927	4,915	4,430
Ribble Valley	27,571	1,435	1,577	1,779	1,544	1,070	1,338	1,911	2,149	1,947
Rossendale	33,687	2,055	2,322	2,417	1,969	1,619	2,091	2,501	2,657	2,412
South Ribble	53,243	2,745	3,180	3,656	3,160	2,403	3,113	3,884	4,220	3,830
West Lancashire	56,129	2,877	3,359	3,661	3,700	2,945	3,023	3,775	4,250	4,004
Wyre	55,342	2,524	3,035	3,460	3,055	2,065	2,528	3,632	3,677	3,523
Merseyside (Met County)	**714,765**	**37,279**	**43,253**	**47,684**	**46,571**	**42,643**	**42,063**	**49,972**	**54,472**	**50,840**
Knowsley	79,359	4,560	5,453	5,789	5,394	4,185	4,734	6,314	6,597	6,046
Liverpool	229,691	12,056	12,887	15,049	16,800	19,953	15,638	15,704	17,416	16,330
St. Helens	91,121	4,819	5,919	5,986	5,544	4,599	5,488	6,902	6,789	6,180
Sefton	149,471	7,297	9,101	9,843	8,760	6,422	7,410	10,010	11,126	10,701
Wirral	165,123	8,547	9,893	11,017	10,073	7,484	8,793	11,042	12,544	11,583
YORKSHIRE AND THE HUMBER	**2,552,717**	**143,125**	**157,174**	**164,986**	**157,023**	**153,103**	**157,668**	**187,680**	**192,099**	**175,078**
East Riding of Yorkshire UA	**160,995**	**7,978**	**9,043**	**9,754**	**9,293**	**6,498**	**7,901**	**10,487**	**11,937**	**11,114**
Kingston upon Hull, City of UA	**124,457**	**7,214**	**8,310**	**8,551**	**8,023**	**9,190**	**8,717**	**9,269**	**9,182**	**8,109**
North East Lincolnshire UA	**81,289**	**4,751**	**5,288**	**5,944**	**5,095**	**4,072**	**4,692**	**5,753**	**6,337**	**5,445**
North Lincolnshire UA	**78,049**	**4,277**	**4,738**	**5,046**	**4,550**	**3,675**	**4,198**	**5,522**	**5,948**	**5,426**
York UA	**93,963**	**4,586**	**4,871**	**5,247**	**5,963**	**7,216**	**6,140**	**7,061**	**6,928**	**6,230**
North Yorkshire	**291,982**	**14,564**	**16,841**	**18,611**	**15,675**	**11,801**	**14,907**	**19,730**	**22,392**	**20,962**
Craven	27,829	1,347	1,586	1,771	1,420	928	1,291	1,690	1,975	1,976
Hambleton	42,642	2,146	2,528	2,710	2,205	1,528	1,922	2,862	3,444	3,168
Harrogate	78,151	3,974	4,528	4,846	4,332	3,464	4,246	5,618	6,257	5,803
Richmondshire	22,742	1,308	1,406	1,451	1,209	1,012	1,410	1,781	1,767	1,576
Ryedale	25,706	1,225	1,434	1,567	1,187	892	1,208	1,580	1,857	1,747
Scarborough	55,869	2,481	2,850	3,447	3,048	2,436	2,678	3,232	3,773	3,674
Selby	39,043	2,083	2,509	2,819	2,274	1,541	2,152	2,967	3,319	3,018
South Yorkshire (Met County)	**648,828**	**35,986**	**39,726**	**40,857**	**39,249**	**39,590**	**39,909**	**48,673**	**48,776**	**44,763**
Barnsley	111,977	6,056	7,205	7,112	6,393	5,402	6,714	8,800	8,762	7,884
Doncaster	146,763	8,318	9,134	9,963	8,846	7,278	8,488	10,686	11,211	10,512
Rotherham	127,482	7,452	8,056	8,407	7,519	6,559	7,564	9,649	9,598	9,222
Sheffield	262,606	14,160	15,331	15,375	16,491	20,351	17,143	19,538	19,205	17,145
West Yorkshire (Met County)	**1,073,154**	**63,769**	**68,357**	**70,976**	**69,175**	**71,061**	**71,204**	**81,185**	**80,599**	**73,029**
Bradford	242,517	16,500	17,079	16,972	16,900	16,379	16,045	17,487	17,448	16,213
Calderdale	99,373	5,833	6,392	6,566	5,663	4,670	6,025	7,631	7,871	7,055
Kirklees	199,733	12,610	12,691	13,308	12,450	12,020	13,207	15,125	14,998	13,568
Leeds	369,570	19,967	22,024	23,446	24,400	29,589	25,791	28,208	27,627	24,823
Wakefield	161,961	8,859	10,171	10,684	9,762	8,403	10,136	12,734	12,655	11,370
EAST MIDLANDS	**2,123,350**	**116,130**	**128,658**	**135,995**	**126,053**	**120,514**	**128,564**	**159,470**	**163,914**	**147,558**
Derby UA	**113,480**	**6,607**	**7,178**	**7,531**	**7,295**	**7,741**	**7,687**	**8,773**	**8,704**	**7,216**
Leicester UA	**145,133**	**9,322**	**9,579**	**9,828**	**10,411**	**13,798**	**11,284**	**11,551**	**10,196**	**9,358**
Nottingham UA	**134,499**	**7,512**	**8,129**	**8,611**	**10,350**	**14,475**	**10,163**	**10,759**	**9,620**	**8,114**
Rutland UA	**16,811**	**845**	**932**	**1,100**	**1,143**	**598**	**812**	**1,087**	**1,245**	**1,170**
Derbyshire	**373,728**	**19,841**	**22,262**	**23,238**	**20,126**	**16,757**	**21,479**	**28,175**	**29,523**	**26,523**
Amber Valley	59,395	3,252	3,552	3,656	3,165	2,579	3,507	4,487	4,599	4,092
Bolsover	36,500	1,934	2,183	2,265	2,037	1,671	2,236	2,918	2,886	2,437
Chesterfield	50,602	2,576	2,989	2,992	2,617	2,442	3,092	3,764	3,927	3,594
Derbyshire Dales	35,207	1,703	1,916	2,123	1,793	1,219	1,453	2,193	2,672	2,537
Erewash	56,231	3,080	3,543	3,728	3,038	2,765	3,622	4,613	4,485	3,858
High Peak	45,255	2,595	2,753	2,921	2,551	1,957	2,448	3,405	3,796	3,519
North East Derbyshire	49,377	2,323	2,850	2,951	2,625	2,069	2,553	3,381	3,730	3,507
South Derbyshire	41,161	2,378	2,476	2,602	2,300	2,055	2,568	3,414	3,428	2,979

				Age in years						
45 – 49	50 —54	55 – 59	60 – 64	65 – 69	70 – 74	75 – 79	80 – 84	85 – 89	90 and over	Area
l	m	n	o	p	q	r	s	t	u	a
36,658	40,928	33,676	29,815	27,830	25,931	23,343	16,467	10,700	6,107	**Lancashire**
2,907	3,155	2,433	2,084	1,943	1,856	1,766	1,172	753	445	Burnley
3,457	4,020	3,157	2,565	2,180	1,845	1,717	1,261	800	475	Chorley
2,298	2,690	2,398	2,287	2,251	2,367	2,077	1,573	1,051	627	Fylde
2,575	2,566	2,306	2,066	1,734	1,743	1,542	1,144	755	349	Hyndburn
3,988	4,548	3,744	3,422	3,404	3,277	2,873	2,161	1,515	880	Lancaster
2,979	3,046	2,429	2,020	1,972	1,905	1,787	1,242	785	475	Pendle
3,736	3,918	3,095	3,028	2,852	2,549	2,374	1,661	926	579	Preston
1,875	2,180	1,825	1,550	1,392	1,228	1,125	743	551	352	Ribble Valley
2,240	2,479	1,916	1,459	1,429	1,291	1,195	824	544	267	Rossendale
3,608	4,041	3,281	2,783	2,459	2,311	1,981	1,321	839	428	South Ribble
3,738	4,347	3,629	3,108	2,725	2,256	1,918	1,410	906	498	West Lancashire
3,257	3,938	3,463	3,443	3,489	3,303	2,988	1,955	1,275	732	Wyre
44,827	46,583	37,404	36,763	34,886	33,254	27,966	19,593	12,245	6,467	**Merseyside (Met County)**
4,855	4,741	3,662	3,795	3,924	3,678	2,700	1,603	899	430	Knowsley
13,761	13,728	10,400	10,678	10,328	9,821	8,156	5,656	3,539	1,791	Liverpool
5,789	6,643	5,382	5,023	4,285	3,903	3,433	2,370	1,399	668	St. Helens
9,640	9,818	8,677	8,702	8,048	7,759	6,584	4,737	3,052	1,784	Sefton
10,782	11,653	9,283	8,565	8,301	8,093	7,093	5,227	3,356	1,794	Wirral
157,334	173,620	140,706	126,766	117,419	110,372	98,081	71,059	44,978	24,446	**YORKSHIRE AND THE HUMBER**
10,935	13,059	10,587	9,305	8,614	7,801	6,810	4,910	3,176	1,793	**East Riding of Yorkshire UA**
7,305	7,431	5,544	5,628	5,757	5,301	4,654	3,193	2,054	1,025	**Kingston upon Hull, City of UA**
4,875	5,352	4,343	4,203	3,908	3,484	3,183	2,297	1,478	789	**North East Lincolnshire UA**
5,304	5,661	4,835	4,110	3,901	3,477	3,153	2,225	1,314	689	**North Lincolnshire UA**
5,642	6,471	5,091	4,620	4,301	4,246	3,877	2,769	1,729	975	**York UA**
19,334	22,349	18,614	16,389	14,631	13,857	12,254	9,216	6,209	3,646	**North Yorkshire**
1,855	2,164	1,851	1,578	1,495	1,450	1,349	1,003	689	411	Craven
2,978	3,433	2,899	2,614	2,158	1,934	1,704	1,233	733	443	Hambleton
5,034	5,627	4,670	4,136	3,667	3,593	3,063	2,479	1,756	1,058	Harrogate
1,428	1,707	1,389	1,221	1,088	968	794	605	403	219	Richmondshire
1,768	2,000	1,824	1,620	1,493	1,359	1,159	866	595	325	Ryedale
3,553	4,357	3,607	3,380	3,050	3,078	2,827	2,107	1,439	852	Scarborough
2,718	3,061	2,374	1,840	1,680	1,475	1,358	923	594	338	Selby
39,261	42,805	36,863	32,971	30,315	28,196	25,323	18,548	11,273	5,744	**South Yorkshire (Met County)**
7,086	7,613	6,579	5,838	5,362	4,938	4,336	3,094	1,836	967	Barnsley
9,268	10,193	8,377	7,677	7,089	6,755	5,879	3,723	2,258	1,108	Doncaster
7,996	8,878	7,507	6,628	5,948	5,313	4,715	3,426	2,049	996	Rotherham
14,911	16,121	14,400	12,828	11,916	11,190	10,393	8,305	5,130	2,673	Sheffield
64,678	70,492	54,829	49,540	45,992	44,010	38,827	27,901	17,745	9,785	**West Yorkshire (Met County)**
14,370	15,103	11,036	10,604	10,328	9,728	8,529	5,666	3,893	2,237	Bradford
6,470	7,209	5,453	4,567	4,257	4,176	3,809	2,877	1,895	954	Calderdale
12,484	13,818	10,837	9,090	8,150	8,006	7,019	5,246	3,240	1,866	Kirklees
20,945	23,176	18,354	17,221	15,811	15,289	13,296	9,783	6,276	3,544	Leeds
10,409	11,186	9,149	8,058	7,446	6,811	6,174	4,329	2,441	1,184	Wakefield
134,896	149,150	125,295	104,670	96,163	91,021	81,595	58,351	35,933	19,420	**EAST MIDLANDS**
6,414	6,733	5,838	5,170	5,051	5,055	4,512	3,036	1,951	988	**Derby UA**
8,398	7,451	6,015	5,857	5,264	5,158	4,781	3,379	2,240	1,263	**Leicester UA**
6,749	6,655	5,657	5,461	5,390	5,406	4,879	3,334	2,114	1,121	**Nottingham UA**
1,142	1,333	1,170	988	822	754	686	452	338	194	**Rutland UA**
24,464	27,986	23,587	19,095	17,618	16,432	15,127	11,246	6,664	3,585	**Derbyshire**
3,906	4,566	3,845	2,966	2,682	2,555	2,384	1,879	1,094	629	Amber Valley
2,200	2,422	2,309	1,812	1,829	1,730	1,563	1,136	635	297	Bolsover
3,173	3,702	3,006	2,558	2,386	2,404	2,297	1,622	961	500	Chesterfield
2,483	2,950	2,513	2,083	1,899	1,662	1,566	1,203	810	429	Derbyshire Dales
3,479	3,940	3,306	2,708	2,518	2,311	2,187	1,538	955	557	Erewash
2,966	3,406	2,766	2,187	2,001	1,834	1,559	1,322	817	452	High Peak
3,422	3,907	3,409	2,837	2,572	2,348	2,120	1,543	821	409	North East Derbyshire
2,835	3,093	2,433	1,944	1,731	1,588	1,451	1,003	571	312	South Derbyshire

Table **P7**

Population at Census Day 2001: Local Authority Districts and Other Geographies - *continued*

Females

					Age in Years					
Area	All	0 – 4	5 – 9	10 – 14	15 – 19	20 – 24	25 – 29	30 – 34	35 – 39	40 – 44
a	b	c	d	e	f	g	h	i	j	k
Leicestershire	**308,338**	**16,526**	**18,335**	**19,428**	**18,297**	**15,926**	**17,797**	**23,198**	**24,232**	**22,007**
Blaby	45,401	2,580	2,817	2,892	2,384	1,912	2,837	3,669	3,728	3,360
Charnwood	77,153	3,912	4,586	4,764	5,226	5,722	4,652	5,704	5,743	5,234
Harborough	38,590	2,155	2,349	2,468	2,115	1,487	2,003	2,905	3,217	2,919
Hinckley and Bosworth	50,972	2,704	2,902	3,207	2,808	2,373	2,968	3,792	3,856	3,660
Melton	24,338	1,348	1,457	1,538	1,338	1,013	1,250	1,868	1,979	1,811
North West Leicestershire	43,276	2,457	2,517	2,664	2,295	2,013	2,594	3,292	3,468	3,053
Oadby and Wigston	28,608	1,370	1,707	1,895	2,131	1,406	1,493	1,968	2,241	1,970
Lincolnshire	**330,051**	**16,519**	**18,898**	**20,854**	**18,309**	**15,477**	**17,185**	**22,004**	**24,118**	**22,690**
Boston	28,415	1,441	1,636	1,672	1,515	1,294	1,546	1,839	1,975	1,888
East Lindsey	66,400	2,963	3,366	3,989	3,391	2,546	2,868	3,898	4,413	4,288
Lincoln	43,907	2,436	2,593	2,811	3,073	3,929	2,979	3,241	3,236	2,832
North Kesteven	48,010	2,455	2,853	3,044	2,466	1,839	2,549	3,443	3,845	3,415
South Holland	39,122	1,785	2,120	2,315	1,875	1,536	1,989	2,461	2,709	2,469
South Kesteven	63,659	3,492	3,857	4,250	3,703	2,796	3,472	4,544	4,954	4,797
West Lindsey	40,538	1,947	2,473	2,773	2,286	1,537	1,782	2,578	2,986	3,001
Northamptonshire	**318,899**	**18,934**	**20,354**	**21,184**	**19,077**	**16,934**	**19,940**	**25,132**	**25,991**	**23,154**
Corby	27,285	1,645	1,840	2,022	1,843	1,382	1,527	2,139	2,289	2,045
Daventry	35,874	2,094	2,386	2,446	1,961	1,467	1,981	2,794	3,018	2,843
East Northamptonshire	38,619	2,354	2,415	2,558	2,231	1,686	2,271	3,033	3,084	2,717
Kettering	41,675	2,391	2,595	2,664	2,291	2,095	2,767	3,240	3,251	2,817
Northampton	99,083	5,943	6,101	6,371	6,478	7,048	7,257	8,031	7,929	6,921
South Northamptonshire	39,802	2,307	2,638	2,736	2,175	1,497	1,907	2,973	3,605	3,279
Wellingborough	36,561	2,200	2,379	2,387	2,098	1,759	2,230	2,922	2,815	2,532
Nottinghamshire	**382,411**	**20,024**	**22,991**	**24,221**	**21,045**	**18,808**	**22,217**	**28,791**	**30,285**	**27,326**
Ashfield	57,063	3,166	3,490	3,706	3,123	3,088	3,674	4,557	4,441	3,883
Bassetlaw	54,520	2,966	3,348	3,477	3,048	2,477	2,986	4,058	4,244	3,932
Broxtowe	54,694	2,681	3,196	3,331	2,845	2,806	3,374	4,144	4,482	3,910
Gedling	57,526	2,836	3,253	3,617	3,142	2,674	3,390	4,373	4,551	4,134
Mansfield	50,376	2,668	3,259	3,303	2,992	2,627	2,918	3,836	3,957	3,581
Newark and Sherwood	54,450	2,843	3,281	3,547	3,007	2,399	2,863	3,921	4,111	3,876
Rushcliffe	53,782	2,864	3,164	3,240	2,888	2,737	3,012	3,902	4,499	4,010
WEST MIDLANDS	**2,691,834**	**155,236**	**168,313**	**177,181**	**165,695**	**155,035**	**165,787**	**198,818**	**202,018**	**180,621**
County of Herefordshire UA	**89,474**	**4,679**	**5,163**	**5,686**	**4,800**	**3,464**	**4,529**	**5,925**	**6,420**	**6,129**
Stoke-on-Trent UA	**123,483**	**6,725**	**7,139**	**8,034**	**7,994**	**8,458**	**8,095**	**9,130**	**8,988**	**8,205**
Telford and Wrekin UA	**80,396**	**5,125**	**5,382**	**5,734**	**5,040**	**4,592**	**5,417**	**6,557**	**6,528**	**5,584**
Shropshire	**143,060**	**7,546**	**8,142**	**8,791**	**8,055**	**5,784**	**7,484**	**9,565**	**10,516**	**9,836**
Bridgnorth	25,834	1,301	1,410	1,580	1,448	1,044	1,284	1,609	1,900	1,813
North Shropshire	28,548	1,596	1,658	1,710	1,626	1,204	1,370	1,975	2,146	1,948
Oswestry	19,272	1,031	1,144	1,290	1,191	846	1,106	1,385	1,406	1,243
Shrewsbury and Atcham	48,795	2,602	2,837	3,006	2,795	2,049	2,853	3,413	3,702	3,418
South Shropshire	20,611	1,016	1,093	1,205	995	641	871	1,183	1,362	1,414
Staffordshire	**410,495**	**22,038**	**24,578**	**26,433**	**24,196**	**19,937**	**23,659**	**29,724**	**31,675**	**29,349**
Cannock Chase	46,755	2,883	2,968	3,170	2,779	2,389	3,200	3,894	3,856	3,180
East Staffordshire	53,178	3,094	3,392	3,604	3,135	2,472	3,152	4,098	4,242	3,833
Lichfield	47,445	2,489	2,870	2,947	2,644	1,944	2,492	3,262	3,621	3,306
Newcastle-under-Lyme	62,765	3,095	3,420	3,845	4,027	4,173	3,688	4,272	4,561	4,317
South Staffordshire	53,628	2,704	3,204	3,474	3,042	2,154	2,592	3,550	4,251	4,135
Stafford	60,904	2,899	3,517	3,660	3,416	2,688	3,329	4,260	4,650	4,363
Staffordshire Moorlands	47,999	2,398	2,669	2,940	2,646	2,072	2,467	3,306	3,537	3,327
Tamworth	37,821	2,476	2,538	2,793	2,507	2,045	2,739	3,082	2,957	2,888
Warwickshire	**257,558**	**13,870**	**14,957**	**16,016**	**14,440**	**13,264**	**15,024**	**18,949**	**20,187**	**17,994**
North Warwickshire	31,395	1,684	1,870	2,031	1,779	1,497	1,806	2,378	2,526	2,269
Nuneaton and Bedworth	60,621	3,485	3,791	4,178	3,604	3,233	3,785	4,602	4,745	4,119
Rugby	44,101	2,525	2,683	2,682	2,566	2,076	2,674	3,280	3,506	3,073
Stratford on Avon	57,478	2,853	3,213	3,343	2,954	2,213	2,761	3,802	4,420	4,140
Warwick	63,963	3,323	3,400	3,782	3,537	4,245	3,998	4,887	4,990	4,393

45 – 49	50 —54	55 – 59	60 – 64	65 – 69	70 – 74	75 – 79	80 – 84	85 – 89	90 and over	Area
l	*m*	*n*	*o*	*p*	*q*	*r*	*s*	*t*	*u*	*a*
20,788	23,343	19,061	15,267	14,136	12,958	11,412	7,822	5,127	2,678	Leicestershire
2,951	3,513	2,831	2,368	2,111	1,843	1,601	1,015	648	341	Blaby
5,055	5,447	4,516	3,533	3,323	3,148	2,621	1,907	1,349	711	Charnwood
2,837	2,997	2,458	1,977	1,797	1,529	1,426	966	645	340	Harborough
3,589	4,140	3,285	2,559	2,311	2,204	1,992	1,318	868	436	Hinckley and Bosworth
1,654	1,923	1,553	1,136	1,150	1,028	957	693	419	223	Melton
2,885	3,350	2,782	2,138	1,926	1,830	1,710	1,242	731	329	North West Leicestershire
1,817	1,973	1,636	1,556	1,518	1,376	1,105	681	467	298	Oadby and Wigston
20,852	24,631	21,639	18,819	17,316	16,511	14,277	10,471	6,135	3,346	Lincolnshire
1,827	2,084	1,885	1,649	1,516	1,529	1,253	923	588	355	Boston
4,076	5,269	4,966	4,545	4,137	3,920	3,205	2,400	1,386	774	East Lindsey
2,477	2,575	2,113	1,919	1,727	1,771	1,727	1,378	692	398	Lincoln
2,899	3,624	3,200	2,808	2,469	2,314	2,046	1,437	846	458	North Kesteven
2,488	3,066	2,665	2,478	2,503	2,275	1,879	1,279	812	418	South Holland
4,213	4,851	3,991	3,093	2,884	2,760	2,582	1,806	1,064	550	South Kesteven
2,872	3,162	2,819	2,327	2,080	1,942	1,585	1,248	747	393	West Lindsey
21,054	23,332	18,494	14,382	12,577	12,136	10,902	7,829	4,798	2,695	Northamptonshire
1,725	1,672	1,578	1,386	1,236	1,090	923	533	290	120	Corby
2,556	2,911	2,353	1,691	1,378	1,328	1,091	845	474	257	Daventry
2,658	2,977	2,312	1,769	1,585	1,481	1,355	1,039	701	393	East Northamptonshire
2,727	3,142	2,431	1,892	1,660	1,699	1,628	1,189	761	435	Kettering
6,133	6,521	5,016	4,052	3,653	3,604	3,404	2,335	1,431	855	Northampton
2,890	3,289	2,577	1,833	1,590	1,434	1,229	936	572	335	South Northamptonshire
2,365	2,820	2,227	1,759	1,475	1,500	1,272	952	569	300	Wellingborough
25,035	27,686	23,834	19,631	17,989	16,611	15,019	10,782	6,566	3,550	Nottinghamshire
3,508	3,887	3,563	2,916	2,480	2,302	2,213	1,645	905	516	Ashfield
3,556	4,128	3,465	2,869	2,644	2,362	2,106	1,489	886	479	Bassetlaw
3,530	4,154	3,355	2,803	2,598	2,397	2,086	1,567	950	485	Broxtowe
3,947	4,279	3,535	3,010	2,747	2,518	2,359	1,527	1,054	580	Gedling
3,200	3,287	3,041	2,526	2,426	2,247	1,923	1,398	778	409	Mansfield
3,554	4,008	3,565	2,896	2,639	2,519	2,258	1,682	986	495	Newark and Sherwood
3,740	3,943	3,310	2,611	2,455	2,266	2,074	1,474	1,007	586	Rushcliffe
166,901	180,030	156,539	134,669	122,309	115,763	103,272	74,900	45,192	23,555	WEST MIDLANDS
6,102	6,597	5,785	5,083	4,771	4,471	4,131	2,994	1,767	978	County of Herefordshire UA
7,060	7,965	6,728	5,865	5,684	5,634	5,145	3,544	2,082	1,008	Stoke-on-Trent UA
5,384	5,551	4,451	3,715	3,048	2,675	2,362	1,706	1,062	483	Telford and Wrekin UA
9,397	10,875	9,660	8,184	7,208	6,831	6,304	4,456	2,758	1,668	Shropshire
1,838	2,161	1,877	1,570	1,267	1,222	1,037	753	429	291	Bridgnorth
1,843	2,179	1,878	1,582	1,448	1,357	1,217	869	565	377	North Shropshire
1,227	1,331	1,215	1,049	937	850	869	593	343	216	Oswestry
3,148	3,574	3,121	2,648	2,291	2,248	2,111	1,502	970	507	Shrewsbury and Atcham
1,341	1,630	1,569	1,335	1,265	1,154	1,070	739	451	277	South Shropshire
27,523	30,817	26,676	21,713	19,004	17,592	15,075	10,641	6,413	3,452	Staffordshire
2,985	3,260	2,729	2,241	1,940	1,886	1,543	1,008	548	296	Cannock Chase
3,283	3,651	3,087	2,662	2,529	2,338	1,912	1,330	875	489	East Staffordshire
3,349	3,854	3,622	2,813	2,181	1,913	1,729	1,192	764	453	Lichfield
3,857	4,517	3,685	3,230	3,103	2,923	2,538	1,896	1,085	533	Newcastle-under-Lyme
3,894	4,216	3,865	3,070	2,679	2,280	1,900	1,324	834	460	South Staffordshire
4,168	4,717	4,296	3,368	2,844	2,748	2,456	1,761	1,137	627	Stafford
3,307	3,937	3,340	2,721	2,447	2,302	1,972	1,421	783	407	Staffordshire Moorlands
2,680	2,665	2,052	1,608	1,281	1,202	1,025	709	387	187	Tamworth
17,009	18,945	16,733	13,335	11,631	11,051	9,942	7,314	4,502	2,395	Warwickshire
2,152	2,460	2,075	1,613	1,432	1,272	1,085	790	441	235	North Warwickshire
3,933	4,293	3,792	3,021	2,656	2,452	2,156	1,521	841	414	Nuneaton and Bedworth
2,776	3,189	2,904	2,220	1,885	1,827	1,709	1,323	792	411	Rugby
3,968	4,634	4,132	3,388	2,861	2,722	2,398	1,787	1,199	690	Stratford on Avon
4,180	4,369	3,830	3,093	2,797	2,778	2,594	1,893	1,229	645	Warwick

Table **P7**

Population at Census Day 2001: Local Authority Districts and Other Geographies - *continued*

Females

Area	All	| 0 – 4	5 – 9	10 – 14	15 – 19	20 – 24	25 – 29	30 – 34	35 – 39	40 – 44
a	*b*	*c*	*d*	*e*	*f*	*g*	*h*	*i*	*j*	*k*
West Midlands (Met County)	**1,311,153**	**80,786**	**86,775**	**89,428**	**85,619**	**85,703**	**86,048**	**98,701**	**96,806**	**84,211**
Birmingham	503,762	33,968	34,856	36,632	35,788	38,527	35,204	38,314	36,812	31,452
Coventry	151,730	9,181	9,620	10,026	10,860	11,677	10,030	11,140	10,718	9,902
Dudley	155,443	8,413	9,484	9,593	8,696	7,971	9,490	11,905	11,598	10,333
Sandwell	146,425	8,960	9,801	9,671	8,899	8,270	9,982	11,510	11,283	9,068
Solihull	102,831	5,348	6,685	6,945	5,916	4,410	5,299	7,001	7,986	7,413
Walsall	130,258	8,108	8,721	8,659	7,915	7,083	8,095	9,544	9,603	8,313
Wolverhampton	120,704	6,808	7,608	7,902	7,545	7,765	7,948	9,287	8,806	7,730
Worcestershire	**276,215**	**14,467**	**16,177**	**17,059**	**15,551**	**13,833**	**15,531**	**20,267**	**20,898**	**19,313**
Bromsgrove	44,698	2,158	2,657	2,870	2,347	1,824	2,098	3,068	3,528	3,389
Malvern Hills	37,144	1,618	1,974	2,352	2,289	1,283	1,462	2,046	2,534	2,546
Redditch	39,977	2,430	2,548	2,736	2,521	2,518	2,764	3,046	3,096	2,972
Worcester	47,871	2,914	2,884	2,816	2,797	3,295	3,575	4,226	3,865	3,183
Wychavon	57,226	2,940	3,336	3,351	2,947	2,498	2,837	4,129	4,318	4,097
Wyre Forest	49,299	2,407	2,778	2,934	2,650	2,415	2,795	3,752	3,557	3,126
EAST OF ENGLAND	**2,749,661**	**156,747**	**168,172**	**171,389**	**155,109**	**147,625**	**170,695**	**203,777**	**212,958**	**189,344**
Luton UA	**92,239**	**6,508**	**6,626**	**6,720**	**6,588**	**7,474**	**6,768**	**7,452**	**7,220**	**6,232**
Peterborough UA	**80,043**	**5,074**	**5,281**	**5,448**	**5,027**	**4,909**	**5,729**	**6,482**	**6,213**	**5,494**
Southend-on-Sea UA	**83,498**	**4,679**	**5,014**	**4,916**	**4,330**	**4,315**	**5,158**	**5,959**	**6,218**	**5,460**
Thurrock UA	**73,378**	**4,827**	**4,705**	**4,953**	**4,289**	**4,704**	**5,627**	**6,373**	**5,810**	**4,739**
Bedfordshire	**192,412**	**11,863**	**12,372**	**12,412**	**11,319**	**10,141**	**12,536**	**15,032**	**16,014**	**14,238**
Bedford	74,854	4,561	4,600	4,698	4,624	4,746	5,398	5,692	5,518	5,109
Mid Bedfordshire	60,580	3,905	4,102	3,844	3,315	2,775	3,641	4,973	5,488	4,748
South Bedfordshire	56,978	3,397	3,670	3,870	3,380	2,620	3,497	4,367	5,008	4,381
Cambridgeshire	**278,994**	**15,678**	**16,705**	**16,633**	**16,733**	**18,287**	**18,399**	**21,414**	**21,824**	**19,618**
Cambridge	54,550	2,514	2,299	2,434	4,412	8,183	4,973	4,282	3,567	3,044
East Cambridgeshire	37,029	2,074	2,277	2,286	1,985	1,660	2,214	2,839	3,063	2,684
Fenland	42,823	2,393	2,638	2,546	2,230	1,969	2,407	3,020	3,117	2,800
Huntingdonshire	78,956	4,922	5,375	5,168	4,498	3,672	5,009	6,399	6,578	6,071
South Cambridgeshire	65,636	3,775	4,116	4,199	3,608	2,803	3,796	4,874	5,499	5,019
Essex	**670,674**	**37,251**	**40,617**	**41,814**	**36,461**	**34,027**	**39,158**	**48,897**	**51,623**	**46,038**
Basildon	85,633	5,295	5,443	5,437	4,863	5,056	5,697	6,712	6,777	5,863
Braintree	67,111	4,042	4,309	4,429	3,453	3,212	4,087	5,252	5,461	4,740
Brentwood	35,223	1,823	2,010	2,096	1,810	1,461	1,831	2,432	2,871	2,472
Castle Point	44,290	2,182	2,560	2,818	2,482	2,137	2,256	2,922	3,170	2,910
Chelmsford	79,634	4,249	4,961	5,198	4,637	4,458	5,001	5,977	6,428	5,799
Colchester	78,677	4,521	4,830	4,768	4,645	5,211	5,237	5,986	5,873	5,255
Epping Forest	62,313	3,541	3,584	3,767	3,233	2,851	3,639	4,938	5,017	4,209
Harlow	40,616	2,547	2,493	2,679	2,439	2,471	3,056	3,373	3,277	2,943
Maldon	29,968	1,631	1,868	1,901	1,543	1,299	1,543	2,156	2,333	2,242
Rochford	40,352	2,154	2,457	2,533	2,114	1,752	2,203	2,797	3,103	2,824
Tendring	72,270	3,318	3,841	3,973	3,291	2,803	2,984	3,980	4,446	4,030
Uttlesford	34,587	1,948	2,261	2,215	1,951	1,316	1,624	2,372	2,867	2,751
Hertfordshire	**528,925**	**31,844**	**34,044**	**33,467**	**29,412**	**27,657**	**34,960**	**41,908**	**44,628**	**38,618**
Broxbourne	44,778	2,653	2,915	2,823	2,423	2,466	3,088	3,651	3,630	3,074
Dacorum	69,999	4,227	4,492	4,540	3,981	3,361	4,267	5,362	5,875	5,547
East Hertfordshire	65,703	3,986	4,306	4,251	3,436	3,266	4,475	5,489	5,785	4,908
Hertsmere	48,883	2,785	3,047	3,105	2,648	2,617	3,034	3,669	4,207	3,517
North Hertfordshire	59,936	3,591	3,923	3,726	3,285	2,615	3,779	4,637	5,053	4,264
St. Albans	65,582	4,242	4,172	3,915	3,432	2,984	4,295	5,358	5,660	4,917
Stevenage	40,561	2,460	2,770	2,804	2,585	2,186	2,886	3,473	3,576	3,033
Three Rivers	42,786	2,529	2,628	2,788	2,363	1,928	2,528	3,089	3,460	3,125
Watford	40,508	2,547	2,654	2,468	2,189	2,631	3,650	3,706	3,387	2,751
Welwyn Hatfield	50,189	2,824	3,137	3,047	3,070	3,603	2,958	3,474	3,995	3,482
Norfolk	**408,901**	**20,259**	**22,456**	**23,492**	**22,324**	**20,262**	**22,923**	**26,682**	**28,353**	**26,228**
Breckland	61,335	3,285	3,674	3,767	3,286	2,762	3,438	4,021	4,262	3,932
Broadland	60,734	3,077	3,324	3,404	3,073	2,340	3,254	4,239	4,498	4,232
Great Yarmouth	46,801	2,384	2,638	2,843	2,706	2,184	2,500	3,071	3,281	2,886
King's Lynn and West Norfolk	69,524	3,425	3,849	3,934	3,631	2,908	3,716	4,368	4,745	4,430
North Norfolk	50,925	2,154	2,434	2,689	2,499	1,801	2,160	2,664	3,104	3,130

				Age in years							
45 – 49	50 —54	55 – 59	60 – 64	65 – 69	70 – 74	75 – 79	80 – 84	85 – 89	90 and over		Area
l	*m*	*n*	*o*	*p*	*q*	*r*	*s*	*t*	*u*		*a*
75,643	78,305	68,630	62,483	58,264	55,701	49,386	36,310	21,516	10,838		**West Midlands (Met County)**
27,891	27,227	22,967	21,547	19,960	19,362	17,603	13,168	8,277	4,207		Birmingham
8,606	8,496	7,796	7,265	6,318	6,131	5,928	4,367	2,454	1,215		Coventry
9,688	10,771	9,554	8,520	7,790	7,164	6,148	4,409	2,619	1,297		Dudley
8,224	8,420	7,749	7,024	6,954	6,636	5,880	4,478	2,414	1,202		Sandwell
6,563	7,901	6,706	5,189	4,998	4,866	4,141	2,917	1,656	891		Solihull
7,663	8,246	7,590	6,982	6,465	5,909	4,835	3,495	2,036	996		Walsall
7,008	7,244	6,268	5,956	5,779	5,633	4,851	3,476	2,060	1,030		Wolverhampton
18,783	20,975	17,876	14,291	12,699	11,808	10,927	7,935	5,092	2,733		**Worcestershire**
3,125	3,435	3,079	2,454	2,237	1,982	1,766	1,310	858	513		Bromsgrove
2,541	3,005	2,689	2,258	2,015	1,876	1,842	1,335	950	529		Malvern Hills
3,096	2,976	2,208	1,549	1,365	1,332	1,206	859	502	253		Redditch
2,804	2,992	2,529	2,105	1,978	1,806	1,712	1,266	754	370		Worcester
3,994	4,531	3,859	3,181	2,793	2,689	2,398	1,693	1,069	566		Wychavon
3,223	4,036	3,512	2,744	2,311	2,123	2,003	1,472	959	502		Wyre Forest
175,163	196,422	160,720	134,912	125,539	118,931	107,006	77,856	50,054	27,242		**EAST OF ENGLAND**
5,167	5,459	4,301	3,764	3,386	2,877	2,248	1,747	1,124	578		**Luton UA**
5,167	5,132	4,092	3,428	3,365	3,031	2,609	1,875	1,108	579		**Peterborough UA**
4,799	5,494	4,808	3,782	3,806	4,049	3,977	3,173	2,239	1,322		**Southend-on-Sea UA**
4,547	4,840	3,876	3,092	2,699	2,745	2,684	1,597	839	432		**Thurrock UA**
12,669	13,762	10,837	8,814	8,133	7,127	6,371	4,404	2,898	1,470		**Bedfordshire**
4,678	5,161	4,073	3,414	3,218	2,978	2,553	1,917	1,224	692		Bedford
4,223	4,390	3,546	2,675	2,412	2,107	1,887	1,324	826	399		Mid Bedfordshire
3,768	4,211	3,218	2,725	2,503	2,042	1,931	1,163	848	379		South Bedfordshire
18,369	19,826	16,161	12,923	11,553	10,850	9,693	7,113	4,682	2,533		**Cambridgeshire**
2,966	2,908	2,482	2,028	1,854	1,801	1,786	1,433	1,032	552		Cambridge
2,435	2,656	2,273	1,804	1,822	1,591	1,387	984	658	337		East Cambridgeshire
2,760	3,059	2,528	2,326	2,255	2,225	1,915	1,321	826	488		Fenland
5,334	6,004	4,799	3,653	2,961	2,720	2,395	1,758	1,062	578		Huntingdonshire
4,874	5,199	4,079	3,112	2,661	2,513	2,210	1,617	1,104	578		South Cambridgeshire
43,169	50,430	41,154	34,304	31,099	29,674	26,562	19,497	12,380	6,519		**Essex**
5,352	6,002	4,840	4,059	3,820	3,501	2,997	2,086	1,232	601		Basildon
4,567	5,197	3,940	3,002	2,718	2,561	2,430	1,805	1,229	677		Braintree
2,282	2,676	2,267	1,919	1,866	1,726	1,485	1,099	705	392		Brentwood
2,869	3,883	3,157	2,611	2,233	1,996	1,730	1,259	740	375		Castle Point
5,212	6,019	4,790	3,798	3,358	3,086	2,670	2,015	1,318	660		Chelmsford
4,925	5,958	4,501	3,651	3,160	3,035	2,846	2,139	1,405	731		Colchester
4,043	4,622	4,015	3,117	2,710	2,843	2,589	1,812	1,150	633		Epping Forest
2,501	2,334	1,945	1,838	1,909	1,838	1,401	885	480	207		Harlow
2,032	2,581	2,120	1,626	1,299	1,151	987	864	521	271		Maldon
2,610	3,217	2,579	2,238	2,027	1,857	1,668	1,114	753	352		Rochford
4,252	5,090	4,770	4,701	4,556	4,704	4,584	3,473	2,216	1,258		Tendring
2,524	2,851	2,230	1,744	1,443	1,376	1,175	946	631	362		Uttlesford
33,682	36,184	28,486	23,991	22,713	21,335	18,860	13,549	8,745	4,842		**Hertfordshire**
2,880	3,123	2,557	2,230	2,107	1,817	1,456	998	587	300		Broxbourne
4,591	4,964	3,761	3,120	2,976	2,946	2,537	1,741	1,136	575		Dacorum
4,415	4,783	3,720	2,875	2,680	2,285	2,041	1,469	975	558		East Hertfordshire
3,145	3,328	2,615	2,157	1,986	2,072	2,026	1,494	929	502		Hertsmere
3,827	4,237	3,360	2,920	2,560	2,336	2,258	1,705	1,174	686		North Hertfordshire
4,313	4,690	3,617	2,984	2,764	2,651	2,302	1,666	1,019	601		St. Albans
2,298	2,392	2,000	1,725	1,775	1,653	1,302	881	503	259		Stevenage
2,818	3,174	2,382	2,029	1,947	1,819	1,629	1,239	830	481		Three Rivers
2,383	2,411	1,886	1,631	1,493	1,419	1,313	946	639	404		Watford
3,012	3,082	2,588	2,320	2,425	2,337	1,996	1,410	953	476		Welwyn Hatfield
26,027	30,343	26,162	23,147	22,083	21,242	19,094	13,858	8,913	5,053		**Norfolk**
3,971	4,652	3,839	3,565	3,171	2,894	2,759	2,063	1,292	702		Breckland
4,066	4,802	3,987	3,560	3,293	3,103	2,565	1,914	1,248	755		Broadland
2,897	3,428	3,084	2,581	2,527	2,433	2,146	1,642	1,021	549		Great Yarmouth
4,420	5,149	4,606	4,196	4,057	3,970	3,503	2,307	1,471	839		King's Lynn and West Norfolk
3,143	3,931	3,776	3,425	3,430	3,276	2,899	2,159	1,458	793		North Norfolk

Table P7

Population at Census Day 2001: Local Authority Districts and Other Geographies - *continued*

Females

Area	All	0 – 4	5 – 9	10 – 14	15 – 19	20 – 24	25 – 29	30 – 34	35 – 39	40 – 44
a	b	c	d	e	f	g	h	i	j	k
Norfolk - *continued*										
Norwich	62,729	3,079	3,311	3,388	4,082	6,215	5,099	4,662	4,268	3,611
South Norfolk	56,853	2,855	3,226	3,467	3,047	2,052	2,756	3,657	4,195	4,007
Suffolk	**340,597**	**18,764**	**20,352**	**21,534**	**18,626**	**15,849**	**19,437**	**23,578**	**25,055**	**22,679**
Babergh	42,729	2,283	2,371	2,808	2,316	1,752	2,069	2,749	3,097	2,948
Forest Heath	27,611	1,792	1,793	1,793	1,516	1,824	2,090	2,268	2,159	1,774
Ipswich	59,667	3,542	3,770	3,959	3,674	3,624	4,286	4,413	4,383	3,817
Mid Suffolk	43,528	2,406	2,621	2,711	2,326	1,774	2,265	2,898	3,424	3,223
St. Edmundsbury	49,505	2,713	2,903	2,993	2,507	2,399	3,076	3,818	3,814	3,248
Suffolk Coastal	59,339	3,057	3,446	3,774	3,108	2,068	2,636	3,736	4,284	4,097
Waveney	58,218	2,971	3,448	3,496	3,179	2,408	3,015	3,696	3,894	3,572
LONDON	**3,703,220**	**234,568**	**221,070**	**213,297**	**204,766**	**276,978**	**360,371**	**354,896**	**322,903**	**258,310**
Inner London	**1,425,525**	**93,406**	**81,487**	**76,437**	**76,712**	**129,577**	**175,088**	**155,996**	**128,332**	**96,347**
Camden	102,642	5,816	5,037	4,606	5,593	10,560	13,522	11,133	8,734	6,650
City of London	3,348	125	95	87	125	261	452	388	273	199
Hackney	105,857	8,202	7,135	6,956	6,431	8,917	11,348	11,349	10,188	7,420
Hammersmith and Fulham	86,261	4,919	4,235	3,772	3,603	8,120	13,026	10,157	7,513	5,742
Haringey	112,860	7,310	6,793	6,758	6,416	9,481	12,176	12,249	10,742	8,214
Islington	91,579	5,436	4,875	4,739	4,777	8,547	11,464	10,501	8,621	6,258
Kensington and Chelsea	83,004	4,885	3,567	3,057	3,220	6,434	9,509	9,183	7,374	5,752
Lambeth	135,032	8,811	7,701	7,207	6,893	11,602	18,511	16,153	13,111	9,235
Lewisham	128,975	8,694	8,181	7,763	6,852	9,936	12,320	13,610	12,688	9,603
Newham	123,902	10,265	9,501	9,246	9,589	10,561	11,726	11,687	9,981	8,623
Southwark	125,045	8,692	7,655	6,868	7,034	10,977	13,236	13,629	12,153	8,845
Tower Hamlets	97,900	7,466	6,607	6,762	6,744	11,374	13,331	9,397	6,825	5,190
Wandsworth	136,622	8,145	6,454	5,357	5,571	13,585	22,169	16,334	12,307	8,654
Westminster	92,498	4,640	3,651	3,259	3,864	9,222	12,298	10,226	7,822	5,962
Outer London	**2,277,695**	**141,162**	**139,583**	**136,860**	**128,054**	**147,401**	**185,283**	**198,900**	**194,571**	**161,963**
Barking and Dagenham	85,882	6,286	6,178	5,142	5,508	5,682	6,544	7,504	6,976	5,441
Barnet	164,772	9,952	10,062	9,432	9,020	11,440	14,218	13,830	13,441	11,589
Bexley	113,144	6,559	7,189	7,465	6,448	5,798	7,138	8,550	9,330	8,122
Brent	135,659	8,150	7,968	8,180	8,162	11,111	13,727	13,296	11,306	10,148
Bromley	153,736	9,073	8,961	9,165	7,498	7,494	9,756	12,444	12,764	10,769
Croydon	171,497	11,083	11,124	10,911	10,058	9,963	12,999	15,140	15,881	12,690
Ealing	153,391	9,523	9,202	8,684	8,413	11,392	15,984	14,776	13,450	11,087
Enfield	142,852	9,005	9,156	8,662	8,410	9,528	10,743	12,230	12,280	10,263
Greenwich	111,681	7,578	6,759	6,786	6,750	8,160	9,755	10,319	9,093	8,151
Harrow	107,135	5,813	6,226	6,654	6,435	6,580	8,178	8,555	8,912	7,685
Havering	116,286	6,056	7,129	7,126	6,619	5,645	6,721	8,054	8,890	8,277
Hillingdon	125,261	7,770	7,884	7,947	7,309	8,331	9,440	10,989	10,608	8,473
Hounslow	108,111	6,922	6,683	6,493	6,316	8,130	10,452	10,242	9,315	7,564
Kingston upon Thames	75,281	4,514	4,215	4,195	4,208	5,880	6,194	6,300	6,585	5,227
Merton	96,367	6,164	5,376	5,209	4,472	6,483	9,461	9,418	8,915	6,622
Redbridge	122,787	7,633	7,992	7,775	7,289	7,830	9,211	9,968	9,873	8,748
Richmond upon Thames	89,013	5,816	4,822	4,471	3,899	4,896	6,790	8,511	8,605	6,670
Sutton	92,855	5,723	5,707	5,727	4,903	5,055	7,197	7,891	8,069	6,697
Waltham Forest	111,985	7,542	6,950	6,836	6,337	8,003	10,775	10,883	10,278	7,740
SOUTH EAST	**4,095,076**	**230,210**	**245,826**	**250,921**	**234,630**	**228,750**	**251,638**	**302,390**	**321,313**	**287,841**
Bracknell Forest UA	**54,717**	**3,774**	**3,666**	**3,663**	**3,074**	**3,140**	**4,063**	**5,125**	**5,168**	**4,382**
Brighton and Hove UA	**127,918**	**6,384**	**6,303**	**6,460**	**7,485**	**10,842**	**10,715**	**11,103**	**10,397**	**8,122**
Isle of Wight UA	**69,034**	**3,109**	**3,712**	**4,104**	**3,638**	**2,679**	**3,013**	**4,164**	**4,399**	**4,304**
Medway UA	**126,610**	**7,713**	**8,775**	**8,952**	**8,219**	**7,502**	**8,391**	**10,080**	**10,329**	**9,104**
Milton Keynes UA	**104,175**	**7,060**	**7,117**	**7,265**	**6,608**	**6,298**	**7,893**	**9,001**	**8,772**	**8,184**
Portsmouth UA	**94,668**	**5,345**	**5,322**	**5,813**	**6,203**	**8,020**	**7,000**	**7,634**	**7,413**	**6,071**
Reading UA	**71,012**	**4,368**	**4,191**	**4,040**	**4,513**	**6,864**	**6,920**	**6,420**	**5,393**	**4,334**
Slough UA	**59,750**	**4,055**	**4,051**	**3,883**	**3,675**	**4,796**	**5,671**	**5,622**	**5,086**	**4,051**
Southampton UA	**108,672**	**5,834**	**6,384**	**6,153**	**7,647**	**12,749**	**8,790**	**7,726**	**7,372**	**6,397**
West Berkshire UA	**72,761**	**4,263**	**4,671**	**4,805**	**4,555**	**3,506**	**4,547**	**5,768**	**6,114**	**5,603**
Windsor and Maidenhead UA	**67,727**	**4,031**	**3,856**	**3,953**	**3,496**	**3,258**	**4,412**	**5,248**	**5,636**	**4,999**
Wokingham UA	**75,125**	**4,405**	**4,859**	**4,994**	**4,524**	**4,050**	**4,682**	**5,809**	**6,619**	**6,055**

				Age in years						
45 – 49	50 —54	55 – 59	60 – 64	65 – 69	70 – 74	75 – 79	80 – 84	85 – 89	90 and over	Area
l	*m*	*n*	*o*	*p*	*q*	*r*	*s*	*t*	*u*	*a*
										Norfolk - *continued*
3,614	3,750	2,893	2,598	2,611	2,756	2,736	2,009	1,284	763	Norwich
3,916	4,631	3,977	3,222	2,994	2,810	2,486	1,764	1,139	652	South Norfolk
21,567	24,952	20,843	17,667	16,702	16,001	14,908	11,043	7,126	3,914	**Suffolk**
2,910	3,472	2,956	2,292	2,128	2,058	1,892	1,337	814	477	Babergh
1,543	1,746	1,455	1,225	1,100	1,053	1,053	731	481	215	Forest Heath
3,553	3,669	2,946	2,583	2,660	2,583	2,508	1,849	1,176	672	Ipswich
3,013	3,408	2,748	2,328	2,079	1,943	1,797	1,263	829	472	Mid Suffolk
3,228	3,842	3,277	2,653	2,195	2,104	1,881	1,471	886	497	St. Edmundsbury
3,820	4,562	3,816	3,323	3,275	3,086	2,825	2,163	1,461	802	Suffolk Coastal
3,500	4,253	3,645	3,263	3,265	3,174	2,952	2,229	1,479	779	Waveney
213,921	211,283	167,341	145,553	128,729	120,423	109,142	78,528	52,563	28,578	**LONDON**
74,094	69,891	55,774	49,744	42,016	38,554	34,027	24,077	15,547	8,419	**Inner London**
5,368	5,514	4,481	3,529	3,039	2,904	2,561	1,732	1,207	656	Camden
230	263	191	138	148	117	94	77	67	18	City of London
5,433	4,780	3,773	3,283	2,694	2,471	2,296	1,567	1,017	597	Hackney
4,431	4,135	3,350	3,224	2,453	2,316	2,148	1,578	1,035	504	Hammersmith and Fulham
6,276	5,740	4,459	4,089	3,413	2,804	2,370	1,686	1,201	683	Haringey
4,629	4,567	3,795	3,127	2,743	2,589	2,257	1,321	897	436	Islington
4,928	5,627	4,670	3,686	2,764	2,740	2,114	1,777	1,033	684	Kensington and Chelsea
6,965	5,960	4,714	4,381	3,584	3,372	2,836	2,092	1,248	656	Lambeth
6,986	6,461	5,075	4,541	4,023	3,814	3,340	2,517	1,663	908	Lewisham
6,498	5,572	4,128	4,125	3,448	2,867	2,529	1,899	1,081	576	Newham
6,752	5,726	4,495	4,336	3,788	3,425	3,246	2,180	1,337	671	Southwark
4,385	3,740	3,104	3,098	2,619	2,564	2,263	1,258	809	364	Tower Hamlets
6,175	6,258	4,956	4,471	3,952	3,571	3,362	2,574	1,718	1,009	Wandsworth
5,038	5,548	4,583	3,716	3,348	3,000	2,611	1,819	1,234	657	Westminster
139,827	141,392	111,567	95,809	86,713	81,869	75,115	54,451	37,016	20,159	**Outer London**
4,609	4,599	3,698	3,201	3,236	3,616	3,512	2,091	1,382	677	Barking and Dagenham
9,846	10,433	7,891	6,812	6,134	6,103	5,412	4,090	3,165	1,902	Barnet
7,054	7,648	6,331	5,458	5,043	4,776	4,288	3,050	1,939	958	Bexley
7,867	7,108	6,101	5,740	4,952	4,013	3,182	2,213	1,588	847	Brent
9,494	10,912	8,662	7,298	6,993	6,898	6,132	4,667	3,035	1,721	Bromley
10,686	10,740	8,563	7,188	6,388	5,645	5,097	3,561	2,412	1,368	Croydon
9,635	8,641	6,782	6,024	5,159	4,467	4,435	2,817	1,891	1,029	Ealing
8,622	8,674	6,995	6,232	5,320	5,058	4,388	3,352	2,473	1,461	Enfield
6,411	6,031	4,706	4,367	3,804	3,881	3,661	2,876	1,742	851	Greenwich
6,919	7,001	5,763	4,929	4,307	3,902	3,608	2,576	1,984	1,108	Harrow
7,559	8,388	6,741	5,875	5,801	5,781	5,245	3,289	2,045	1,045	Havering
7,519	7,728	6,062	5,541	4,967	4,585	4,097	3,006	2,014	991	Hillingdon
6,758	6,249	4,917	4,211	3,606	3,223	2,933	2,038	1,349	710	Hounslow
4,869	5,038	3,530	2,801	2,580	2,453	2,568	2,035	1,346	743	Kingston upon Thames
6,158	5,937	4,159	3,672	3,370	3,290	3,018	2,294	1,524	825	Merton
7,752	7,782	6,383	4,968	4,682	4,408	4,143	3,221	2,038	1,091	Redbridge
5,944	6,441	4,632	3,410	3,122	2,982	3,038	2,439	1,639	886	Richmond upon Thames
5,620	6,069	4,650	3,888	3,671	3,534	3,291	2,419	1,763	981	Sutton
6,505	5,973	5,001	4,194	3,578	3,254	3,067	2,417	1,687	965	Waltham Forest
260,644	287,683	235,700	196,030	182,205	173,336	159,142	120,518	80,130	46,169	**SOUTH EAST**
3,559	3,487	2,644	2,064	1,850	1,592	1,473	1,016	645	332	**Bracknell Forest UA**
7,237	7,164	6,085	5,222	5,211	5,262	5,094	4,103	2,971	1,758	**Brighton and Hove UA**
4,305	5,177	4,866	3,974	3,954	3,953	3,810	2,869	1,905	1,099	**Isle of Wight UA**
7,994	8,866	6,827	5,592	4,804	4,299	3,811	2,858	1,653	841	**Medway UA**
7,603	7,298	4,984	3,743	3,117	2,971	2,654	1,894	1,153	560	**Milton Keynes UA**
5,188	5,236	4,431	3,924	3,785	3,750	3,694	3,060	1,799	980	**Portsmouth UA**
3,758	3,882	3,182	2,718	2,455	2,352	2,174	1,654	1,204	590	**Reading UA**
3,533	3,049	2,408	2,015	2,004	2,034	1,690	1,154	649	324	**Slough UA**
5,610	6,093	5,103	4,219	4,125	4,206	4,194	3,208	1,916	946	**Southampton UA**
5,052	5,517	4,261	3,203	2,839	2,558	2,203	1,676	1,037	583	**West Berkshire UA**
4,564	5,030	4,090	3,318	2,999	2,727	2,467	1,779	1,207	657	**Windsor and Maidenhead UA**
5,318	5,816	4,505	3,461	3,002	2,280	1,876	1,397	924	549	**Wokingham UA**

Table **P7**

Population at Census Day 2001: Local Authority Districts and Other Geographies - *continued*

Females

					Age in Years					
Area	All	0 – 4	5 – 9	10 – 14	15 – 19	20 – 24	25 – 29	30 – 34	35 – 39	40 – 44
a	b	c	d	e	f	g	h	i	j	k
Buckinghamshire	**244,259**	**14,680**	**15,239**	**15,751**	**14,179**	**12,389**	**15,027**	**18,263**	**19,349**	**18,677**
Aylesbury Vale	83,399	5,279	5,227	5,351	5,093	4,084	5,581	7,003	7,082	6,522
Chiltern	46,095	2,593	2,895	2,962	2,427	2,011	2,181	2,784	3,532	3,675
South Bucks	31,929	1,695	1,954	1,951	1,616	1,293	1,648	2,099	2,468	2,457
Wycombe	82,836	5,113	5,163	5,487	5,043	5,001	5,617	6,377	6,267	6,023
East Sussex	**259,317**	**13,055**	**14,304**	**15,079**	**13,357**	**10,589**	**11,696**	**15,122**	**17,709**	**17,149**
Eastbourne	47,968	2,376	2,419	2,567	2,423	2,714	2,560	2,801	3,184	2,866
Hastings	44,372	2,683	2,828	2,856	2,461	2,315	2,573	3,100	3,111	2,939
Lewes	48,135	2,321	2,658	2,752	2,521	1,834	2,094	2,750	3,327	3,323
Rother	45,541	1,982	2,237	2,401	2,112	1,351	1,539	2,170	2,739	2,752
Wealden	73,301	3,693	4,162	4,503	3,840	2,375	2,930	4,301	5,348	5,269
Hampshire	**631,937**	**35,126**	**38,632**	**40,039**	**35,681**	**29,786**	**36,035**	**45,505**	**50,888**	**46,507**
Basingstoke and Deane	77,004	4,913	4,931	4,996	4,347	3,970	5,203	6,281	6,837	5,899
East Hampshire	55,505	3,083	3,436	3,673	3,123	2,264	2,603	3,793	4,497	4,447
Eastleigh	59,177	3,372	3,831	3,992	3,449	2,806	3,693	4,419	4,913	4,477
Fareham	55,089	2,812	3,180	3,485	3,082	2,111	2,791	3,910	4,480	4,184
Gosport	39,040	2,301	2,433	2,479	2,389	2,266	2,629	2,936	3,047	2,749
Hart	41,450	2,459	2,614	2,644	2,305	1,774	2,408	3,099	3,604	3,368
Havant	60,740	3,114	3,486	4,030	3,673	2,712	3,024	3,979	4,400	4,289
New Forest	88,312	4,079	4,858	5,127	4,254	3,196	3,931	5,396	6,219	5,939
Rushmoor	45,106	3,072	3,119	2,768	2,641	3,009	3,885	4,030	4,036	3,043
Test Valley	55,864	3,184	3,743	3,675	2,942	2,346	3,128	4,137	4,687	4,135
Winchester	54,650	2,737	3,001	3,170	3,476	3,332	2,740	3,525	4,168	3,977
Kent	**685,721**	**38,196**	**42,469**	**43,503**	**39,918**	**34,703**	**39,055**	**48,006**	**51,929**	**46,076**
Ashford	52,706	3,110	3,458	3,431	2,981	2,446	3,030	4,020	4,233	3,500
Canterbury	71,155	3,378	3,724	4,205	5,025	5,837	3,901	4,200	4,529	4,249
Dartford	43,798	2,700	2,892	2,762	2,459	2,506	3,187	3,741	3,666	2,987
Dover	54,247	2,824	3,306	3,496	3,101	2,494	2,806	3,534	3,961	3,632
Gravesham	48,829	2,889	3,216	3,250	3,036	2,479	3,023	3,614	3,822	3,293
Maidstone	70,593	3,913	4,177	4,178	3,968	3,542	4,398	5,177	5,564	4,936
Sevenoaks	56,413	3,102	3,587	3,523	3,113	2,217	2,641	3,779	4,501	4,103
Shepway	50,186	2,619	2,919	3,196	2,613	2,289	2,692	3,211	3,500	3,293
Swale	62,244	3,839	4,132	4,237	3,718	3,138	3,752	4,612	4,831	4,129
Thanet	66,734	3,402	3,905	4,208	3,735	3,116	3,386	4,067	4,380	4,080
Tonbridge and Malling	54,919	3,291	3,797	3,555	3,014	2,270	3,055	4,183	4,730	4,015
Tunbridge Wells	53,897	3,129	3,356	3,462	3,155	2,369	3,184	3,868	4,212	3,859
Oxfordshire	**306,209**	**17,598**	**18,378**	**18,011**	**18,707**	**21,189**	**21,012**	**24,260**	**24,752**	**21,746**
Cherwell	66,622	4,335	4,312	4,208	3,801	3,324	4,779	5,829	5,883	4,818
Oxford	67,942	3,292	3,205	3,246	5,724	10,289	6,386	5,202	4,628	3,873
South Oxfordshire	64,972	3,847	4,126	3,869	3,375	2,762	3,796	5,323	5,482	4,930
Vale of White Horse	58,118	3,370	3,641	3,679	3,277	2,727	3,346	4,204	4,704	4,491
West Oxfordshire	48,555	2,754	3,094	3,009	2,530	2,087	2,705	3,702	4,055	3,634
Surrey	**542,478**	**30,471**	**31,788**	**31,472**	**29,108**	**28,387**	**32,017**	**40,895**	**45,072**	**39,657**
Elmbridge	63,056	3,858	4,034	3,515	3,135	2,528	3,560	4,942	5,657	4,825
Epsom and Ewell	34,639	1,984	1,939	1,944	1,865	1,710	1,927	2,575	2,813	2,439
Guildford	65,713	3,330	3,631	3,620	3,804	4,934	4,563	4,824	5,222	4,686
Mole Valley	41,307	2,186	2,307	2,482	2,012	1,633	1,970	2,668	3,201	2,999
Reigate and Banstead	64,416	3,690	3,841	3,794	3,190	3,216	3,913	4,957	5,409	4,708
Runnymede	40,057	2,087	2,169	2,005	2,641	3,263	2,585	3,142	3,211	2,679
Spelthorne	46,053	2,534	2,722	2,589	2,152	2,354	2,997	3,911	3,961	3,261
Surrey Heath	40,616	2,355	2,499	2,543	2,261	1,843	2,326	3,276	3,644	3,177
Tandridge	41,097	2,368	2,393	2,734	2,238	1,693	2,052	2,846	3,337	3,158
Waverley	59,552	3,266	3,298	3,473	3,284	2,817	2,948	3,904	4,636	4,320
Woking	45,972	2,813	2,955	2,773	2,526	2,396	3,176	3,850	3,981	3,405
West Sussex	**392,986**	**20,743**	**22,109**	**22,981**	**20,043**	**18,003**	**20,699**	**26,639**	**28,916**	**26,423**
Adur	31,222	1,562	1,802	1,817	1,524	1,236	1,573	2,023	2,190	1,960
Arun	74,559	3,407	3,641	3,876	3,373	3,089	3,351	4,312	4,920	4,468
Chichester	56,154	2,581	2,877	3,215	2,904	2,579	2,433	3,136	3,726	3,675
Crawley	50,819	3,351	3,319	3,258	2,867	3,445	4,033	4,459	3,938	3,589
Horsham	62,771	3,539	3,869	4,072	3,383	2,485	3,131	4,453	5,254	4,701
Mid Sussex	65,671	3,689	3,830	3,968	3,594	2,786	3,418	4,682	5,176	4,786
Worthing	51,790	2,614	2,771	2,775	2,398	2,383	2,760	3,574	3,712	3,244

				Age in years							
45 – 49	50 —54	55 – 59	60 – 64	65 – 69	70 – 74	75 – 79	80 – 84	85 – 89	90 and over		Area
l	*m*	*n*	*o*	*p*	*q*	*r*	*s*	*t*	*u*		*a*
16,684	**18,221**	**14,641**	**11,700**	**10,457**	**8,998**	**8,001**	**5,709**	**3,959**	**2,335**		**Buckinghamshire**
5,661	6,223	4,668	3,532	3,231	2,687	2,613	1,733	1,138	691		Aylesbury Vale
3,263	3,690	3,054	2,500	2,304	1,944	1,689	1,228	848	515		Chiltern
2,214	2,453	2,129	1,799	1,577	1,434	1,229	910	627	376		South Bucks
5,546	5,855	4,790	3,869	3,345	2,933	2,470	1,838	1,346	753		Wycombe
15,720	**18,640**	**15,957**	**14,280**	**14,249**	**14,566**	**13,831**	**11,433**	**7,683**	**4,898**		**East Sussex**
2,551	2,971	2,511	2,394	2,615	2,934	2,893	2,379	1,672	1,138		Eastbourne
2,736	2,968	2,426	2,057	2,062	1,931	1,834	1,654	1,112	726		Hastings
3,083	3,526	3,062	2,734	2,640	2,793	2,543	2,067	1,314	793		Lewes
2,579	3,401	2,961	2,911	3,007	3,107	3,046	2,474	1,652	1,120		Rother
4,771	5,774	4,997	4,184	3,925	3,801	3,515	2,859	1,933	1,121		Wealden
41,811	**46,478**	**38,278**	**31,405**	**28,876**	**26,923**	**24,055**	**17,837**	**11,514**	**6,561**		**Hampshire**
5,231	5,708	4,471	3,359	2,918	2,579	2,212	1,606	1,002	541		Basingstoke and Deane
3,829	4,357	3,594	2,878	2,437	2,229	2,019	1,559	1,034	650		East Hampshire
4,033	4,272	3,265	2,736	2,433	2,349	2,117	1,542	963	515		Eastleigh
3,643	4,107	3,650	2,932	2,838	2,523	2,226	1,526	1,012	597		Fareham
2,246	2,483	1,996	1,774	1,863	1,713	1,508	1,114	708	406		Gosport
2,978	3,403	2,737	2,070	1,632	1,354	1,173	892	569	367		Hart
3,928	4,313	3,746	3,430	3,375	3,133	2,586	1,786	1,132	604		Havant
5,768	6,630	5,822	5,095	5,015	5,061	4,664	3,613	2,387	1,258		New Forest
2,701	2,710	2,071	1,723	1,603	1,513	1,342	937	586	317		Rushmoor
3,760	4,403	3,583	2,649	2,312	2,108	1,971	1,554	952	595		Test Valley
3,694	4,092	3,343	2,759	2,450	2,361	2,237	1,708	1,169	711		Winchester
43,235	**49,719**	**41,116**	**34,991**	**32,054**	**30,711**	**28,170**	**20,726**	**13,416**	**7,728**		**Kent**
3,431	3,795	3,233	2,542	2,393	2,231	2,025	1,478	910	459		Ashford
4,140	4,760	4,222	3,558	3,248	3,500	3,354	2,571	1,762	992		Canterbury
2,593	2,860	2,261	2,037	1,893	1,728	1,488	1,006	639	393		Dartford
3,451	3,968	3,286	2,834	2,822	2,618	2,459	1,866	1,139	650		Dover
2,935	3,431	2,991	2,471	2,214	2,008	1,713	1,290	766	388		Gravesham
4,841	5,527	4,331	3,663	3,115	2,840	2,633	1,882	1,210	698		Maidstone
3,958	4,465	3,595	3,025	2,769	2,589	2,158	1,556	1,087	645		Sevenoaks
3,098	3,565	3,032	2,793	2,477	2,538	2,502	1,861	1,253	735		Shepway
3,821	4,664	3,759	3,091	2,660	2,534	2,216	1,623	966	522		Swale
3,899	4,648	3,912	3,575	3,492	3,722	3,706	2,693	1,740	1,068		Thanet
3,550	4,047	3,383	2,853	2,558	2,171	1,833	1,299	850	465		Tonbridge and Malling
3,518	3,989	3,111	2,549	2,413	2,232	2,083	1,601	1,094	713		Tunbridge Wells
19,196	**20,686**	**16,903**	**13,762**	**12,079**	**11,491**	**10,443**	**7,885**	**5,259**	**2,852**		**Oxfordshire**
4,220	4,606	3,497	2,892	2,453	2,445	2,107	1,585	1,008	520		Cherwell
3,507	3,451	2,785	2,407	2,184	2,211	2,135	1,624	1,198	595		Oxford
4,276	4,709	4,109	3,244	2,769	2,501	2,292	1,723	1,160	679		South Oxfordshire
3,976	4,294	3,542	2,834	2,582	2,281	2,047	1,617	969	537		Vale of White Horse
3,217	3,626	2,970	2,385	2,091	2,053	1,862	1,336	924	521		West Oxfordshire
35,435	**39,764**	**32,028**	**26,360**	**24,238**	**22,423**	**20,531**	**15,565**	**10,947**	**6,320**		**Surrey**
4,158	4,644	3,536	2,968	2,630	2,518	2,476	1,864	1,348	860		Elmbridge
2,316	2,728	2,070	1,719	1,489	1,485	1,370	1,046	787	433		Epsom and Ewell
4,188	4,640	3,735	3,110	2,764	2,702	2,320	1,806	1,183	651		Guildford
2,845	3,170	2,778	2,306	2,140	1,935	1,823	1,345	949	558		Mole Valley
4,067	4,846	3,688	2,966	2,845	2,701	2,489	1,969	1,308	819		Reigate and Banstead
2,364	2,639	2,151	1,840	1,744	1,608	1,592	1,092	839	406		Runnymede
2,791	3,076	2,671	2,461	2,233	2,105	1,801	1,226	794	414		Spelthorne
2,826	3,151	2,493	1,993	1,796	1,405	1,185	885	603	355		Surrey Heath
2,942	3,080	2,587	2,021	1,917	1,730	1,513	1,194	815	479		Tandridge
4,004	4,691	3,898	2,986	2,776	2,484	2,405	2,021	1,501	840		Waverley
2,934	3,099	2,421	1,990	1,904	1,750	1,557	1,117	820	505		Woking
24,842	**27,560**	**23,391**	**20,079**	**20,107**	**20,240**	**18,971**	**14,695**	**10,289**	**6,256**		**West Sussex**
1,854	2,239	1,975	1,766	1,668	1,801	1,623	1,250	857	502		Adur
4,227	5,065	4,608	4,363	4,511	4,770	4,606	3,775	2,653	1,544		Arun
3,458	4,169	3,743	3,271	3,364	3,276	3,003	2,259	1,545	940		Chichester
3,352	3,021	2,164	1,922	2,227	2,121	1,786	1,117	574	276		Crawley
4,406	4,710	3,884	3,087	2,857	2,672	2,456	1,829	1,234	749		Horsham
4,649	5,109	4,257	3,178	2,942	2,837	2,518	1,968	1,412	872		Mid Sussex
2,896	3,247	2,760	2,492	2,538	2,763	2,979	2,497	2,014	1,373		Worthing

Table P7

Population at Census Day 2001: Local Authority Districts and Other Geographies - *continued*

Females

Area	All	Age in Years								
	All	0 – 4	5 – 9	10 – 14	15 – 19	20 – 24	25 – 29	30 – 34	35 – 39	40 – 44
a	b	c	d	e	f	g	h	i	j	k
SOUTH WEST	2,531,967	131,863	143,362	152,342	141,506	128,001	141,435	174,848	185,305	170,939
Bath and North East Somerset UA	86,899	4,361	4,703	5,097	5,250	5,757	5,201	6,017	6,266	5,761
Bournemouth UA	85,005	3,874	4,266	4,311	4,650	6,487	5,840	5,912	5,643	5,118
Bristol, City of UA	194,959	11,528	10,536	11,064	12,735	17,462	16,189	15,548	14,735	12,671
North Somerset UA	96,933	5,112	5,344	5,763	5,039	3,901	4,725	6,402	7,142	6,589
Plymouth UA	123,160	6,465	7,076	7,682	7,960	8,122	7,503	9,328	9,158	8,395
Poole UA	72,237	3,621	4,006	4,304	3,941	3,298	4,130	5,006	5,240	4,883
South Gloucestershire UA	124,198	7,345	7,991	7,908	6,613	6,172	7,958	10,234	10,800	8,841
Swindon UA	90,502	5,646	5,870	5,879	5,018	5,043	6,762	7,797	7,782	6,640
Torbay UA	67,921	3,035	3,594	3,851	3,538	2,861	3,184	4,219	4,545	4,116
Cornwall and Isles of Scilly	258,787	12,589	14,145	15,252	13,892	10,869	12,687	16,253	17,402	16,884
Caradon	41,071	1,905	2,277	2,482	2,371	1,527	1,808	2,516	2,887	2,887
Carrick	45,955	2,044	2,426	2,596	2,466	2,202	2,263	2,802	2,996	2,993
Kerrier	47,447	2,489	2,590	2,887	2,485	2,058	2,446	3,179	3,376	3,072
North Cornwall	41,457	2,044	2,347	2,499	2,207	1,607	1,924	2,505	2,751	2,648
Penwith	32,810	1,538	1,700	1,780	1,727	1,195	1,532	1,935	2,094	2,064
Restormel	48,966	2,499	2,752	2,948	2,606	2,220	2,634	3,237	3,233	3,150
Isles of Scilly*	1,081	70	53	60	30	60	80	79	65	70
Devon	364,445	16,861	19,772	21,380	19,922	16,446	17,314	22,393	24,869	24,112
East Devon	66,323	2,668	3,368	3,437	3,216	2,389	2,641	3,500	3,954	3,924
Exeter	57,107	2,744	2,985	2,970	3,986	5,606	4,091	4,112	4,021	3,470
Mid Devon	35,672	1,913	2,106	2,286	2,009	1,362	1,697	2,291	2,671	2,514
North Devon	45,016	2,204	2,517	2,778	2,367	1,683	2,222	2,736	3,098	3,065
South Hams	42,254	1,860	2,243	2,676	2,221	1,290	1,594	2,525	2,999	3,094
Teignbridge	63,043	2,923	3,444	3,801	3,208	2,215	2,688	4,054	4,442	4,260
Torridge	30,156	1,404	1,722	1,886	1,645	1,108	1,374	1,828	1,936	2,018
West Devon	24,874	1,145	1,387	1,546	1,270	793	1,007	1,347	1,748	1,767
Dorset	202,200	9,007	10,797	11,840	10,219	6,910	8,733	11,740	13,577	13,323
Christchurch	23,741	900	1,080	1,177	1,021	721	932	1,346	1,466	1,372
East Dorset	43,809	1,860	2,252	2,408	2,042	1,326	1,595	2,352	2,928	2,923
North Dorset	31,077	1,479	1,820	2,198	1,703	1,126	1,499	1,946	2,187	2,096
Purbeck	22,897	1,045	1,292	1,311	1,142	832	990	1,348	1,630	1,585
West Dorset	48,279	2,118	2,541	2,746	2,520	1,468	1,993	2,678	3,192	3,102
Weymouth and Portland	32,397	1,605	1,812	2,000	1,791	1,437	1,724	2,070	2,174	2,245
Gloucestershire	289,017	15,872	16,602	18,116	16,382	14,499	16,101	20,656	22,336	20,562
Cheltenham	56,631	2,975	2,907	3,372	3,712	4,126	3,669	4,202	4,192	3,688
Cotswold	41,315	2,118	2,297	2,360	2,042	1,552	1,895	2,652	3,161	3,097
Forest of Dean	40,958	2,279	2,347	2,477	2,517	1,915	1,984	2,699	2,982	2,851
Gloucester	55,876	3,425	3,631	3,929	3,161	3,100	3,674	4,602	4,758	4,095
Stroud	54,985	2,975	3,204	3,485	2,992	2,182	2,650	3,763	4,202	4,023
Tewkesbury	39,252	2,100	2,216	2,493	1,958	1,624	2,229	2,738	3,041	2,808
Somerset	256,130	13,499	14,670	16,019	14,451	10,610	12,864	16,925	18,212	17,159
Mendip	53,142	2,958	3,183	3,519	3,253	2,105	2,647	3,762	3,954	3,717
Sedgemoor	54,284	2,905	3,172	3,378	2,974	2,255	2,592	3,631	3,934	3,696
South Somerset	77,165	4,146	4,512	4,927	4,165	3,088	3,984	5,053	5,430	4,999
Taunton Deane	53,097	2,712	2,948	3,253	3,078	2,478	2,990	3,588	3,820	3,640
West Somerset	18,442	778	855	942	981	684	651	891	1,074	1,107
Wiltshire	219,574	13,048	13,990	13,876	11,896	9,564	12,244	16,418	17,598	15,885
Kennet	37,297	2,257	2,438	2,347	2,135	1,566	2,066	2,714	3,011	2,764
North Wiltshire	63,335	3,911	4,283	4,057	3,406	2,680	3,674	5,107	5,534	4,803
Salisbury	58,494	3,226	3,534	3,598	3,126	2,699	3,130	4,226	4,453	4,095
West Wiltshire	60,448	3,654	3,735	3,874	3,229	2,619	3,374	4,371	4,600	4,223

* *The Isles of Scilly, which are separately administered by an Isles of Scilly Council, do not form part of the county of Cornwall but are usually associated with the county.*

45 – 49	50 – 54	55 – 59	60 – 64	65 – 69	70 – 74	75 – 79	80 – 84	85 – 89	90 and over	Area
l	*m*	*n*	*o*	*p*	*q*	*r*	*s*	*t*	*u*	*a*
161,053	181,815	155,390	132,203	124,002	121,625	114,329	84,661	55,499	31,789	**SOUTH WEST**
5,595	6,091	5,064	4,279	4,059	4,065	3,705	2,783	1,828	1,017	**Bath and North East Somerset UA**
4,654	5,257	4,397	3,967	4,069	4,499	4,473	3,382	2,554	1,652	**Bournemouth UA**
11,063	11,114	9,055	7,825	7,383	7,596	7,661	5,593	3,409	1,792	**Bristol, City of UA**
6,403	7,624	6,384	5,352	4,878	4,557	4,565	3,436	2,306	1,411	**North Somerset UA**
7,683	8,168	6,779	6,073	5,539	5,212	4,821	3,714	2,242	1,240	**Plymouth UA**
4,377	5,138	4,250	3,675	3,731	3,728	3,507	2,604	1,780	1,018	**Poole UA**
8,047	8,631	7,563	6,119	5,619	4,698	4,031	2,864	1,772	992	**South Gloucestershire UA**
5,662	5,720	4,578	3,960	3,766	3,425	3,064	1,989	1,234	667	**Swindon UA**
4,311	4,879	4,442	3,990	3,708	3,638	3,584	2,928	2,096	1,402	**Torbay UA**
16,747	20,914	18,239	15,180	13,664	13,306	12,215	9,284	5,860	3,405	**Cornwall and Isles of Scilly**
2,875	3,507	2,964	2,338	2,117	1,974	1,812	1,435	838	551	Caradon
2,889	3,587	3,170	2,651	2,370	2,455	2,375	1,842	1,154	674	Carrick
3,045	3,717	3,258	2,780	2,476	2,344	2,098	1,607	974	566	Kerrier
2,619	3,361	2,999	2,495	2,269	2,182	1,962	1,495	993	550	North Cornwall
2,153	2,796	2,434	1,994	1,826	1,757	1,696	1,252	842	495	Penwith
3,100	3,847	3,340	2,860	2,556	2,534	2,233	1,622	1,038	557	Restormel
66	99	74	62	50	60	39	31	21	12	Isles of Scilly*
23,690	27,311	24,194	20,789	19,661	19,328	18,035	13,506	9,360	5,502	**Devon**
4,026	4,722	4,573	4,275	4,175	4,444	4,241	3,146	2,258	1,366	East Devon
3,355	3,474	2,916	2,505	2,471	2,438	2,311	1,750	1,224	678	Exeter
2,395	2,707	2,364	1,988	1,785	1,739	1,537	1,107	775	426	Mid Devon
2,939	3,500	3,124	2,699	2,386	2,252	2,130	1,597	1,079	640	North Devon
2,988	3,564	3,027	2,445	2,305	2,201	2,025	1,540	1,050	607	South Hams
4,163	4,790	4,145	3,560	3,474	3,446	3,278	2,510	1,645	997	Teignbridge
2,044	2,409	2,206	1,825	1,703	1,554	1,382	1,004	684	424	Torridge
1,780	2,145	1,839	1,492	1,362	1,254	1,131	852	645	364	West Devon
12,622	15,328	13,794	12,054	12,006	12,120	11,278	8,500	5,389	2,963	**Dorset**
1,274	1,651	1,567	1,569	1,640	1,756	1,759	1,282	792	436	Christchurch
2,821	3,584	3,105	2,764	2,752	2,791	2,603	1,931	1,175	597	East Dorset
1,900	2,342	2,016	1,717	1,632	1,714	1,504	1,073	742	383	North Dorset
1,448	1,827	1,629	1,337	1,364	1,292	1,130	851	526	318	Purbeck
3,075	3,547	3,367	2,942	2,995	2,939	2,772	2,164	1,344	776	West Dorset
2,104	2,377	2,110	1,725	1,623	1,628	1,510	1,199	810	453	Weymouth and Portland
18,844	20,538	17,431	14,273	13,280	12,924	12,592	8,994	5,851	3,164	**Gloucestershire**
3,401	3,533	2,982	2,484	2,425	2,509	2,593	1,864	1,280	717	Cheltenham
2,867	3,111	2,697	2,191	2,147	2,119	2,054	1,501	927	527	Cotswold
2,867	3,218	2,666	2,183	1,995	1,801	1,742	1,246	776	413	Forest of Dean
3,248	3,410	3,011	2,459	2,241	2,274	2,163	1,383	880	432	Gloucester
3,834	4,345	3,487	2,827	2,606	2,433	2,379	1,736	1,186	676	Stroud
2,627	2,921	2,588	2,129	1,866	1,788	1,661	1,264	802	399	Tewkesbury
16,879	19,295	16,158	13,618	12,868	13,002	12,150	8,745	5,747	3,259	**Somerset**
3,672	4,050	3,278	2,684	2,413	2,354	2,267	1,582	1,103	641	Mendip
3,561	4,160	3,498	2,946	2,688	2,778	2,560	1,760	1,170	626	Sedgemoor
4,981	5,790	4,940	4,172	3,932	3,963	3,734	2,650	1,696	1,003	South Somerset
3,467	3,883	3,128	2,600	2,577	2,724	2,475	1,858	1,193	685	Taunton Deane
1,198	1,412	1,314	1,216	1,258	1,183	1,114	895	585	304	West Somerset
14,476	15,807	13,062	11,049	9,771	9,527	8,648	6,339	4,071	2,305	**Wiltshire**
2,490	2,707	2,280	1,820	1,632	1,518	1,400	1,073	727	352	Kennet
4,263	4,548	3,579	3,049	2,564	2,507	2,230	1,554	1,001	585	North Wiltshire
3,781	4,101	3,481	3,108	2,804	2,849	2,545	1,840	1,185	713	Salisbury
3,942	4,451	3,722	3,072	2,771	2,653	2,473	1,872	1,158	655	West Wiltshire

Table **P7**

Population at Census Day 2001: Local Authority Districts and Other Geographies - *continued*

Females

Area						Age in Years					
	All	0 – 4	5 – 9	10 – 14	15 – 19	20 – 24	25 – 29	30 – 34	35 – 39	40 – 44
a	b	c	d	e	f	g	h	i	j	k
WALES	1,499,185	81,788	90,570	94,991	91,525	85,110	85,104	102,753	108,360	99,876
Blaenau Gwent	36,044	1,951	2,395	2,580	2,116	1,829	2,036	2,633	2,719	2,335
Bridgend	66,138	3,744	3,894	4,372	3,781	3,040	4,055	4,828	5,065	4,604
Caerphilly	86,929	5,045	5,742	5,773	5,330	4,756	5,486	6,505	6,435	5,768
Cardiff	159,569	9,353	9,678	9,942	11,364	15,160	11,557	12,137	11,931	10,337
Carmarthenshire	90,091	4,572	5,245	5,453	5,340	4,404	4,544	5,582	6,240	5,981
Ceredigion	38,606	1,685	2,041	2,014	2,971	3,674	1,697	2,026	2,332	2,329
Conwy	57,436	2,840	3,120	3,281	2,888	2,357	2,599	3,503	3,851	3,649
Denbighshire	48,533	2,440	2,882	2,999	2,593	2,230	2,492	3,035	3,449	3,051
Flintshire	75,690	4,361	4,724	4,849	4,411	3,743	4,507	5,774	5,997	5,265
Gwynedd	60,815	3,342	3,594	3,422	3,705	3,931	3,327	3,739	3,818	3,746
Isle of Anglesey	34,469	1,756	2,034	2,137	1,937	1,618	1,821	2,109	2,251	2,181
Merthyr Tydfil	29,059	1,597	1,852	2,013	1,925	1,457	1,639	2,138	2,226	1,973
Monmouthshire	43,437	2,263	2,661	2,831	2,357	1,593	2,006	2,813	3,323	3,038
Neath Port Talbot	69,512	3,567	4,011	4,350	4,168	3,284	3,799	4,622	5,092	4,996
Newport	71,231	4,472	4,684	5,035	4,434	3,649	4,070	5,388	5,468	4,803
Pembrokeshire	58,448	3,120	3,740	3,776	3,363	2,554	2,882	3,438	3,981	3,708
Powys	63,847	3,195	3,840	3,979	3,382	2,281	2,965	3,918	4,544	4,317
Rhondda, Cynon, Taff	119,498	6,751	7,309	7,911	7,549	7,139	7,286	8,561	8,675	7,843
Swansea	115,198	5,945	6,300	6,847	7,443	7,433	6,562	7,494	7,884	7,912
Torfaen	46,947	2,574	3,048	3,207	2,727	2,416	2,606	3,350	3,546	3,127
The Vale of Glamorgan	61,937	3,616	3,908	4,219	3,772	2,752	3,262	4,266	4,708	4,384
Wrexham	65,751	3,599	3,868	4,001	3,969	3,810	3,906	4,894	4,825	4,529
SCOTLAND	2,629,517	134,514	150,108	157,287	156,338	157,271	163,191	197,420	208,336	193,734
NORTHERN IRELAND	863,818	56,025	59,903	64,650	63,603	54,472	58,076	65,030	66,209	59,903

					Age in years						
45 – 49	50 –54	55 – 59	60 – 64	65 – 69	70 – 74	75 – 79	80 – 84	85 – 89	90 and over		Area
l	m	n	o	p	q	r	s	t	u		a
93,639	105,075	89,324	77,745	72,143	68,495	64,026	46,079	27,441	15,141	**WALES**	
2,065	2,435	2,186	1,824	1,696	1,569	1,518	1,146	635	376	Blaenau Gwent	
4,181	4,629	3,945	3,572	3,188	2,913	2,694	1,925	1,129	579	Bridgend	
5,584	6,078	5,086	4,329	4,057	3,443	3,315	2,316	1,225	656	Caerphilly	
9,102	9,161	7,226	6,364	6,333	6,074	6,060	4,076	2,448	1,266	Cardiff	
5,799	6,581	5,836	4,977	4,610	4,490	4,416	3,102	1,920	999	Carmarthenshire	
2,455	2,838	2,460	2,270	1,810	1,878	1,718	1,198	779	431	Ceredigion	
3,354	3,993	3,604	3,554	3,424	3,336	3,159	2,274	1,576	1,074	Conwy	
3,032	3,518	2,933	2,746	2,446	2,509	2,515	1,785	1,170	708	Denbighshire	
4,879	5,738	4,718	4,024	3,290	3,025	2,604	1,918	1,209	654	Flintshire	
3,560	4,185	3,824	3,488	3,122	3,164	2,796	2,017	1,296	739	Gwynedd	
2,174	2,728	2,369	2,060	1,831	1,756	1,497	1,112	704	394	Isle of Anglesey	
1,793	2,017	1,598	1,465	1,380	1,253	1,222	851	435	225	Merthyr Tydfil	
3,050	3,422	2,948	2,412	2,173	2,071	1,909	1,342	795	430	Monmouthshire	
4,475	4,905	4,157	3,648	3,378	3,420	3,241	2,298	1,354	747	Neath Port Talbot	
4,251	4,602	4,028	3,434	3,239	3,104	2,661	2,175	1,085	649	Newport	
3,696	4,479	3,984	3,395	3,200	2,932	2,553	1,917	1,137	593	Pembrokeshire	
4,250	5,034	4,490	3,617	3,503	3,235	3,065	2,133	1,352	747	Powys	
7,376	8,156	6,897	5,848	5,581	5,148	4,986	3,535	1,977	970	Rhondda, Cynon, Taff	
6,899	8,221	6,761	5,995	5,757	5,475	4,855	3,893	2,284	1,238	Swansea	
3,042	3,222	2,730	2,325	2,430	2,205	1,971	1,383	684	354	Torfaen	
4,208	4,453	3,701	3,136	2,749	2,709	2,558	1,793	1,099	644	The Vale of Glamorgan	
4,414	4,680	3,843	3,262	2,946	2,786	2,713	1,890	1,148	668	Wrexham	
170,544	176,989	147,164	137,082	129,107	116,864	99,466	68,634	42,580	22,888	**SCOTLAND**	
50,778	49,942	45,147	38,186	34,935	32,783	27,980	19,199	11,409	5,588	**NORTHERN IRELAND**	

England & Wales: Counties, Unitary Authorities and Local Authority Districts, 2001

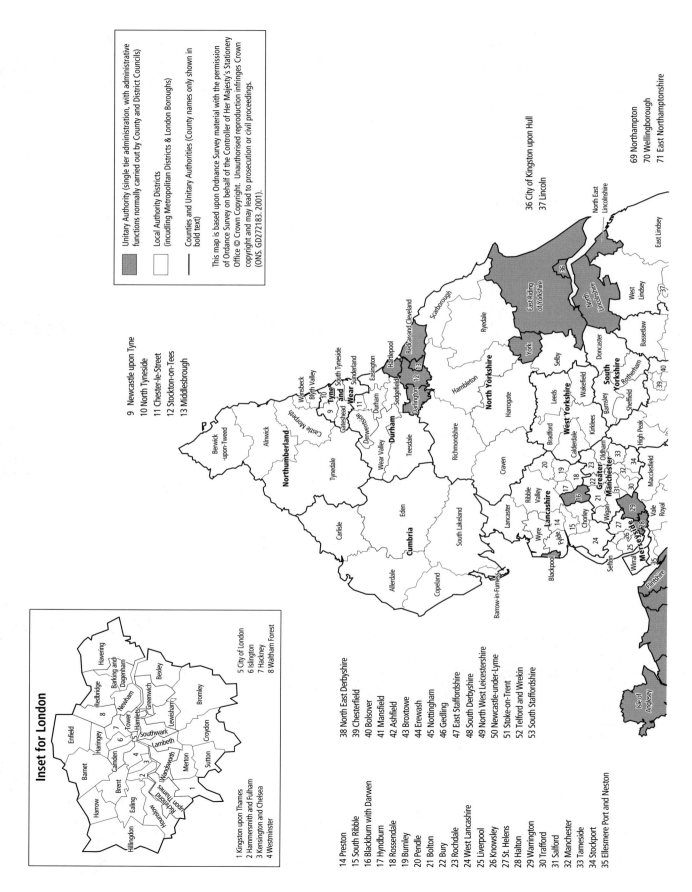

| Unitary Authority (single tier administration, with administrative functions normally carried out by County and District Councils) |
| Local Authority Districts (incudling Metropolitan Districts & London Boroughs) |
| Counties and Unitary Authorities (County names only shown in bold text) |

This map is based upon Ordnance Survey material with the permission of Ordnance Survey on behalf of the Controller of Her Majesty's Stationery Office © Crown Copyright. Unauthorised reproduction infringes Crown copyright and may lead to prosecution or civil proceedings. (ONS. GD272183. 2001).

9 Newcastle upon Tyne
10 North Tyneside
11 Chester-le-Street
12 Stockton-on-Tees
13 Middlesbrough

36 City of Kingston upon Hull
37 Lincoln

69 Northampton
70 Wellingborough
71 East Northamptonshire

Inset for London

1 Kingston upon Thames
2 Hammersmith and Fulham
3 Kensington and Chelsea
4 Westminster
5 City of London
6 Islington
7 Hackney
8 Waltham Forest

14 Preston
15 South Ribble
16 Blackburn with Darwen
17 Hyndburn
18 Rossendale
19 Burnley
20 Pendle
21 Bolton
22 Bury
23 Rochdale
24 West Lancashire
25 Liverpool
26 Knowsley
27 St. Helens
28 Halton
29 Warrington
30 Trafford
31 Salford
32 Manchester
33 Tameside
34 Stockport
35 Ellesmere Port and Neston

38 North East Derbyshire
39 Chesterfield
40 Bolsover
41 Mansfield
42 Ashfield
43 Broxtowe
44 Erewash
45 Nottingham
46 Gedling
47 East Staffordshire
48 South Derbyshire
49 North West Leicestershire
50 Newcastle-under-Lyme
51 Stoke-on-Trent
52 Telford and Wrekin
53 South Staffordshire

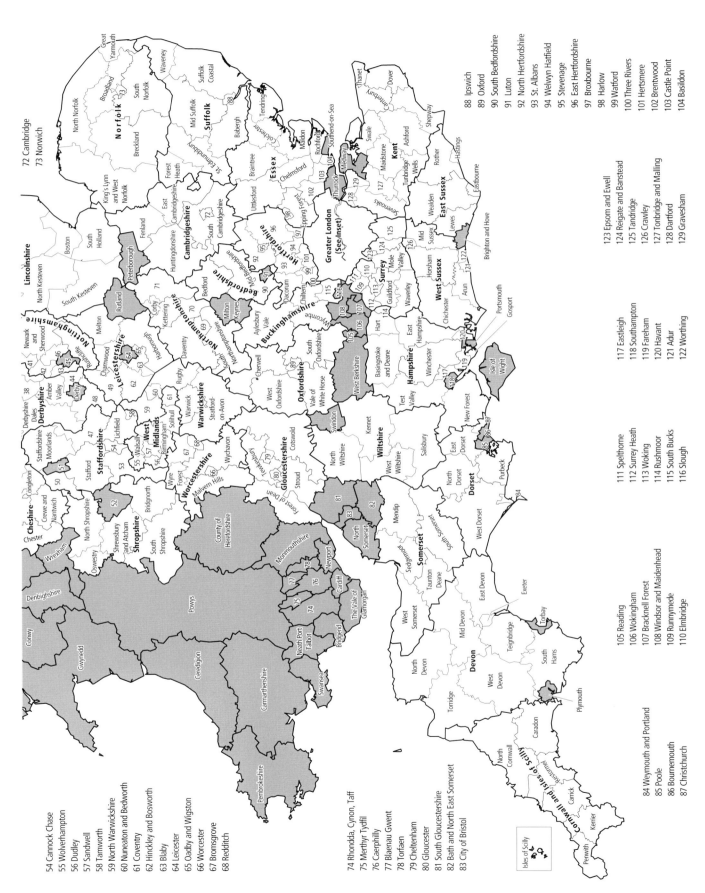

72 Cambridge
73 Norwich

88 Ipswich
89 Oxford
90 South Bedfordshire
91 Luton
92 North Hertfordshire
93 St. Albans
94 Welwyn Hatfield
95 Stevenage
96 East Hertfordshire
97 Broxbourne
98 Harlow
99 Watford
100 Three Rivers
101 Hertsmere
102 Brentwood
103 Castle Point
104 Basildon

123 Epsom and Ewell
124 Reigate and Banstead
125 Tandridge
126 Crawley
127 Tonbridge and Malling
128 Dartford
129 Gravesham

117 Eastleigh
118 Southampton
119 Fareham
120 Havant
121 Adur
122 Worthing

111 Spelthorne
112 Surrey Heath
113 Woking
114 Rushmoor
115 South Bucks
116 Slough

105 Reading
106 Wokingham
107 Bracknell Forest
108 Windsor and Maidenhead
109 Runnymede
110 Elmbridge

84 Weymouth and Portland
85 Poole
86 Bournemouth
87 Christchurch

74 Rhondda, Cynon, Taff
75 Merthyr Tydfil
76 Caerphilly
77 Blaenau Gwent
78 Torfaen
79 Cheltenham
80 Gloucester
81 South Gloucestershire
82 Bath and North East Somerset
83 City of Bristol

54 Cannock Chase
55 Wolverhampton
56 Dudley
57 Sandwell
58 Tamworth
59 North Warwickshire
60 Nuneaton and Bedworth
61 Coventry
62 Hinckley and Bosworth
63 Blaby
64 Leicester
65 Oadby and Wigston
66 Worcester
67 Bromsgrove
68 Redditch

Isles of Scilly